Ernst F. Weidner

Alter und Bedeutung der Babylonischen Astronomie und Astrallehre nebst Studien über Fixsternhimmel und Kalender

bremen university press

Ernst F. Weidner

Alter und Bedeutung der Babylonischen Astronomie und Astrallehre nebst Studien über Fixsternhimmel und Kalender

ISBN/EAN: 9783955622466

Auflage: 1

Erscheinungsjahr: 2013

Erscheinungsort: Bremen, Deutschland

@ Bremen-university-press in Access Verlag GmbH, Fahrenheitstr. 1, 28359 Bremen. Alle Rechte beim Verlag und bei den jeweiligen Lizenzgebern.

bremen
university
press

Alter und Bedeutung
der babylonischen Astronomie
und Astrallehre

nebst

Studien über Fixsternhimmel und Kalender

von

Ernst F. Weidner

Mit einer Tafel

Leipzig
J. C. Hinrichs'sche Buchhandlung
1914

Vorwort.

Die vorliegende Broschüre dient zwei verschiedenen Zwecken. In erster Linie hat mich bei ihrer Abfassung der Wunsch geleitet, den Fachgenossen das überaus wichtige neue Material, das für das hohe Alter der wissenschaftlichen Astronomie in Babylonien spricht, und das zum kleineren Teile erst jetzt vor kurzem publiziert worden ist, zum größeren Teile aber hier zum ersten Male veröffentlicht wird, vorzulegen und es in zusammenfassender Form zu verarbeiten. In dieser Richtung möge die Schrift als Fortsetzung zu ALFRED JEREMIAS, „Das Alter der babylonischen Astronomie" angesehen werden; einige auf Grund des neuen Materials nötig gewordene Verbesserungen und Ergänzungen dazu hat JEREMIAS selbst schon gegeben in seinem neuen „Handbuche der altorientalischen Geisteskultur" (Leipzig, J. C. Hinrichs, 1913).

Bei der schier erdrückenden Fülle des gesamten Materials darf gewiß auch gehofft werden, daß selbst die bisherigen Gegner die Bestreitung des hohen Alters der wissenschaftlichen Astronomie in Babylonien nicht mehr aufrecht erhalten werden. Andererseits soll diese Broschüre als Antwort dienen auf die gegen mich gerichteten Abschnitte des Ergänzungsheftes zu KUGLERS „Sternkunde". Auch in dieser Hinsicht ist neues Material in großem Umfange zum ersten Male mitgeteilt und verarbeitet worden. Ich habe dabei jede persönliche Polemik völlig vermieden, und auch von sachlicher Polemik wird man nur ganz schwache Ansätze finden. Damit hoffe ich einer von mir lebhaft gewünschten und im Interesse der Sache jedenfalls liegenden Verständigung mit KUGLER meinerseits den Weg gebahnt zu haben.

Berlin-Lichterfelde,
   im März 1914.

Ernst F. Weidner.

Inhaltsverzeichnis.

Verzeichnis der Abkürzungen.

BEUP = The Babylonian Expedition of the University of Pennsylvania, Philadelphia seit 1893.

BRÜNNOW = R. E. BRÜNNOW, Classified List of all Cuneiform Ideographs. Leyden 1889.

CT = Cuneiform Texts from Babylonian Tablets in the British Museum, London 1896 ff.

DELITZSCH, HW = FR. DELITZSCH, Assyrisches Handwörterbuch, Leipzig 1896.

JAOS = Journal of the American Oriental Society.

JASTROW, RBA = JASTROW, Die Religion Babyloniens und Assyriens, Gießen seit 1901.

JEREMIAS, HAOG = JEREMIAS, Handbuch der altorientalischen Geisteskultur. Leipzig 1913.

KAO = Im Kampfe um den Alten Orient. Wehr- und Streitschriften, hrsg. von A. JEREMIAS und H. WINCKLER (†), Leipzig seit 1907.

KUGLER, SSB = KUGLER, Sternkunde und Sterndienst in Babel, Münster seit 1906.

MDOG = Mitteilungen der Deutschen Orientgesellschaft.

MEISSNER, SAI = MEISSNER, Seltene assyrische Ideogramme. Leipzig 1910.

MPBS = The Museum. Publications of the Babylonian Section (University of Pennsylvania). Philadelphia seit 1911.

MUSS-ARNOLT, HWB = MUSS-ARNOLT, Assyrisch-englisch-deutsches Handwörterbuch. Berlin 1894 ff.

MVAG = Mitteilungen der Vorderasiatischen Gesellschaft.

OLZ = Orientalistische Literaturzeitung.

PSBA = Proceedings of the Society of Biblical Archaeology.

I, II, III, IV, V R = H. RAWLINSON, Cuneiform Inscriptions of Western Asia, Bd. I—V. London 1861 ff.

RA = Revue d'Assyriologie et d'Archéologie Orientale.

STRASSMAIER, AV = J. N. STRASSMAIER, Alphabetisches Verzeichnis der assyrischen und akkadischen Wörter usw. Leipzig 1886.

ThR = THOMPSON, The Reports of the Magicians and Astrologers of Nineveh and Babylon, London 1901.

VAB = Vorderasiatische Bibliothek, hrsg. von A. JEREMIAS und O. WEBER, Leipzig, seit 1906.

VACh = VIROLLEAUD, L'Astrologie Chaldéenne. Fasc. 1—14. Paris, seit 1905.

VAS = Vorderasiatische Schriftdenkmäler. Leipzig 1907 ff.

ZA = Zeitschrift f. Assyriol. und verwandte Gebiete.

ZDMG = Zeitschrift der Deutschen Morgenländischen Gesellschaft.

Erstes Kapitel.

Alter und Errungenschaften der wissenschaftlichen Astronomie in Babylonien.

Die Frage nach dem Alter der babylonischen Astronomie hat mit der Frage des Panbabylonismus zunächst nichts zu tun. Eine Weltlehre auf astraler Grundlage kann auch geschaffen werden, ohne vom gestirnten Himmel mehr als primitive Kenntnisse zu haben. Die Männer, welche die ersten Anfänge der „altorientalischen Weltanschauung" schufen, werden auch kaum mehr gewußt haben. Aber die Ausgestaltung der Lehre bedingte eine eingehende Beschäftigung mit den Erscheinungen von Kosmos und Kreislauf, hatte also auch notwendigerweise eine immer tiefere Kenntnis derselben zur Folge. So werden wir also annehmen müssen, daß zu der Zeit, da die Lehre in allen Einzelheiten vollendet vorliegt, auch das Wissen vom gestirnten Himmel einen solchen Umfang angenommen hat, daß wir von wissenschaftlicher Astronomie sprechen können. Die Voraussetzung trifft bereits für die älteste uns bekannte babylonische Kulturperiode zu. Daß auch die Folgerung stimmt, mögen die folgenden Ausführungen beweisen.

1. In dem zur Zeit von Lugalanda und Urukagina (um 2900 v. Chr.) in Lagaš gültigen Kalender heißt der siebente Monat *itu mul-bàr-sag-e-ta-šub-ba-a-a* „Monat, da der Stern *bàr-sag* heliakisch aufgeht"[1]. Da der Jahresanfang damals mit der Wintersonnenwende (—2900: Jan. 13, 39 jul. Dat.) zusammenfiel (s. Kap. IV), so muß mit dem Sterne *bàr-sag* der Sirius ge-

---

[1] Der Monat wird genannt in dem Texte NIKOLSKI, *Documents de la plus ancienne époque chaldéenne*, Nr. 2. Das Verdienst, zuerst auf ihn aufmerksam gemacht zu haben, gebührt St. LANGDON (*Archives of Drehem*, p. 8 und PSBA 1912, p. 248ff.). Zur Übersetzung *e-ta-šub* „er geht heliakisch auf" (wörtlich: „er wird herausgeworfen") vgl. THUREAU-DANGIN VAB I, S. 50, Anm. f.

meint sein. Setzt man nämlich den 1. I. auf den 13. Januar an,
so beginnt der siebente Monat etwa mit dem 9. Juli und reicht
etwa bis zum 8. August. In dieser Zeit ging aber um —2900
der Sirius heliakisch auf, wie folgende Rechnung zeigt:

M	α	δ	$\odot$	d seit Äquin.	jul. Dat.
α Can. maj. —1,4	47°,68	—22°,15	94°,05	98,17	Juli 22

Auch der Name des Sternes weist auf den Sirius, denn
bàr-sag ist doch wohl als *urru rêštû* „erstes Licht“ zu fassen.
Der Sirius ist aber bekanntlich der hellste Fixstern. Wir stehen
also hier der bedeutsamen Tatsache gegenüber, daß in dem
ältesten uns aus Babylonien bekannten Monatssysteme ein
Monat nach dem heliakischen Aufgange eines Fixsternes benannt worden ist. Dann muß man zum mindesten den Aufgang
dieses Sternes systematisch beobachtet haben; die Wahrscheinlichkeit spricht dafür, daß dieses auch mit den Aufgängen
anderer Sterne geschah. In jedem Falle stehen wir dem ältesten
Zeugnis für systematische Himmelsbeobachtung in Babylonien,
also den Anfängen wissenschaftlicher Astronomie, gegenüber.

2. In dem Traumgesichte Gudeas, von dem uns in dem
großen Zylinder A, 4, 14 — 6, 13 erzählt wird, erscheint dem
Patesi auch die Göttin Nisaba. Von ihr heißt es (4, 25—5, 1):
[25]*gi-dub-ba azag-gì-a šú-im-mi-dů* [26]*dub mul-an-du(g)-ga im-mi-gál*
[1]*ad-im-dá-gí-gí* „den reinen Schreibgriffel hielt sie in der Hand,
eine Tafel mit der günstigen Himmelskonstellation trug sie, sie
sann (darüber) nach bei sich“. Die Tafel in Nisabas Händen
war also mit einer astronomischen Zeichnung bedeckt, und
zwar, von jener bestimmten günstigen Sternkonstellation, bei
deren Eintritt der Bau des Tempels begonnen werden konnte.
Die entsprechende Stelle in der Deutung des Traumes führt
zu dem gleichen Resultate. 6, 1 — 2 lautet: [1]*ê-a dū-ba mul-azag-
ba* [2]*gù-ma-ra-a-de* „die günstige Konstellation für die Erbauung
des Tempels kündigte sie dir an“. Die Stelle beweist, daß
man schon zur Zeit Gudeas (um —2500) Zeichnungen vom
Sternenhimmel (bestimmte Konstellationen usw.) machte, vielleicht also auch schon eigentliche Sternkarten besaß. Um das
„Horoskop“ für den richtigen Termin, da der Bau begonnen
werden konnte, zu stellen, mußte der babylonische Astronom
den Lauf von Mond und Planeten verfolgen, also auch die ungefähre Lage der Ekliptik kennen, und die Stellung von Mond
und Planeten zu den Sternbildern der Ekliptik, d. h. den Tier-

kreisbildern beobachten. Diese drei Faktoren sind zur Stellung des Horoskops unbedingt nötig. Ihre Kenntnis aber setzt den Betrieb einer wissenschaftlichen Astronomie (wenn auch in bescheidenen Grenzen) voraus[1].

3.[2] Aus der Zeit um —2000 stammt ein Text, der in Nippur gefunden ist und seit langem die Gemüter immer von neuem beschäftigt. Ich gebe im folgenden die Erklärung, die sich mir auf Grund neuester Funde als die einzig mögliche herausgestellt hat. Der Text beweist meines Erachtens jedem, der Augen hat, mit aller Deutlichkeit, daß die Babylonier bereits um die Wende des dritten und zweiten Jahrtausends zu Leistungen auf dem Gebiete der wissenschaftlichen Astronomie imstande waren, die unser Erstaunen erregen.

Leider ist der Keilschrifttext des einzigartigen Dokumentes noch nicht publiziert. Eine Umschrift des Textes wurde zuerst veröffentlicht und erklärt von HOMMEL in der *Beilage der Münchner Neuesten Nachrichten* 1908, Nr. 49 (August 27), S. 459 und von A. JEREMIAS in KAO III², S. 32[3]. Seitdem ist ein heftiger Streit um den Text entbrannt, der bis in die jüngste Zeit fortgesetzt worden ist (s. KUGLER, SSB II, 1, S. 93 f.; II, 2, S. 312 ff.; *Ergänzungsheft*, S. 73 ff., 112 ff. WEIDNER, OLZ 1911, 8, Sp. 345 ff.; *Babyloniaca* VI, p. 231 ff.).

Der Text ist, wie aus untrüglichen epigraphischen Anzeichen hervorgeht, um —2000 geschrieben[4]. Die Streitfrage dreht sich nun um den Punkt: Sind die Angaben des Textes so genau, daß man daraus auf bedeutende astronomische Kenntnisse in Babylonien für die Zeit um —2000 schließen kann? KUGLER hat diese Frage verneint, ich habe sie bejaht. Auf Grund neupublizierter Texte und hauptsächlich auf Grund einer noch unveröffentlichten hochwichtigen Tafel, die mir vor kurzem zu Gesicht kam, hoffe ich jetzt eine endgültige Erklärung des Textes geben zu können. Ich lasse nun zunächst eine Umschrift desselben folgen nach dem mir von Herrn Professor HOMMEL freundlichst mitgeteilten Keilschrifttexte[5]:

---

[1] Vgl. zu diesem Abschnitte Nr. 2 bereits OLZ 1913, Sp. 53 f.

[2] Dieser Abschnitt ist meinem *Handbuch* I S. 128 ff. entnommen.

[3] Vgl. auch HILPRECHT, *Explorations in Bible Lands*, p. 519 f. und *The Peters-Hilprecht Controversy*, p. 183.   [4] Herr Professor HOMMEL war so liebenswürdig, mir im Juli 1910 den Keilschrifttext mitzuteilen. Die Schreibung des Zeichens *GAR* in Z. 5 und des Zeichens *GAN* in Z. 14 weisen zweifellos auf die altbabylonische Zeit.   [5] Die einzelnen Zeilen sind durch Striche getrennt.

1. $(44 \cdot 3600) + (26 \cdot 60) + 40$ *a-du* 9 $(=) 400 \cdot 3600$
2. 13 *bêru*[1] 10 *UŠ* ^{kakkab} *ŠÚ-PA*
3. *e-li* ^{kakkab} *GIR SUD*
4. $(44 \cdot 3600) + (26 \cdot 60) + 40$ *a-du* 7 $(=) (311 \cdot 3600) + 400$
5. 10 *bêru* 11 *UŠ* $6\frac{1}{2}$ *GAR* 2 *Ú* ^{kakkab} *GIR-TAB*
6. *e-li* ^{kakkab} *ŠÚ-PA ŠUD*

7.
8. } Nach HOMMEL: unbeschrieben?
9.

10. *ki-a-am ne-pi-šú*

11.
12. } Nach HOMMEL: Unterschrift.
13.

14. *ŠI-GAN* ^{m} ^{il}*Šamaš-mu-bal-liṭ*

Es handelt sich also um die drei Sterne ^{kakkab} *ŠÚ-PA*, ^{kakkab} *GIR-TAB* und ^{kakkab} *GIR*. Von diesen ist zunächst nur der zweite Stern eine bekannte Größe: da ^{kakkab} *GIR-TAB* längst als Name des Tierkreisbildes des Skorpions erwiesen ist, so muß es sich hier, da natürlich nur e i n Stern und dann selbstverständlich der hellste des Sternbildes in Betracht kommen kann, um Antares (α Scorpii) handeln. In ^{kakkab} *ŠÚ-PA* hat man seit HOMMEL bis in die jüngste Zeit die Spica gesehen. Diese Gleichung ist jetzt nicht mehr aufrechtzuerhalten. Als CT XXXIII im Februar 1913 erschien, äußerte ich nach kurzer Durchsicht der neuen Sternliste gesprächsweise zu A. JEREMIAS, daß danach der ^{kakkab} *ŠÚ-PA* nicht Spica sein könne, sondern mit Arktur identifiziert werden müsse. Denselben Schluß haben dann KUGLER (SSB, *Ergänz.*, S. 9) und BEZOLD (*Zenit- und Äquatorialgestirne*, S. 14) auf Grund desselben Textes gezogen. Was mich aber davon abhielt, die Gleichung ^{kakkab} *ŠÚ-PA* = Arktur öffentlich zu vertreten, war unser Nippurtext; denn wenn wirklich Rektaszensionsdifferenzen vorlagen, wie ich annahm — eine Meinung, die zu ändern zunächst kein Grund vorhanden war —, konnte ^{kakkab} *ŠÚ-PA* nur Spica, aber nicht Arktur sein. Dazu ergab sich noch, daß die neue Liste Br. M. 86 378 eine ganze Reihe fehlerhafter Angaben enthält (vgl. dazu unten Kap. III). Also blieb ich zunächst bei der Gleichung ^{kakkab} *ŠÚ-PA* = Spica (s. OLZ 1913, Sp. 150). Ganz neues Material aber veranlaßt

---

[1]) Zu *KAS-GÍD* = *bêru* s. LANDSBERGER, ZA XXV, S. 385 f. und THUREAU-DANGIN, RA X, p. 222 f.

mich nun, KUGLER und BEZOLD recht zu geben und in ^{kakkab} *ŠÚ-PA*
gleichfalls den Arktur zu sehen. Die Entscheidung bringt eine
hochwichtige Tafel, welche Darstellungen der zwölf Tierkreisbilder enthält (nicht vollständig erhalten) und mir Anfang
November 1913 zu Gesicht kam. Auf der einen Seite sehen
wir nebeneinander: Jungfrau (als geflügelte Jungfrau mit der
Ähre), Wage und Skorpion. Die Symbole stehen auf einem breiten
Streifen paralleler vertikaler Striche. Zu jedem der Symbole gehören genau 30 Striche, dann folgt ein kleiner Zwischenraum,
und dann beginnt eine neue Serie. Es kann damit gar nichts
anderes gemeint sein als die in 12 *KAS-GÍD* zu je 30 *UŠ*
geteilte Ekliptik. Es sind also die zwölf Tierkreis z e i c h e n
und die zwölf Tierkreis b i l d e r in ihrem gegenseitigen Verhältnisse eingezeichnet. Wie groß die dabei beobachtete Genauigkeit ist, dafür nur ein Beispiel. Die 30 *UŠ* der Wage entsprechen
der Strecke 180°—210° der Ekliptik. Genau über dem sechsten
Striche steht nun das Symbol der Wage, d. h. bei 186°. Die
Tafel stammt aus dem Anfange des ersten Jahrtausends, vielleicht aus dem neunten Jahrhundert. Für —800 aber beträgt
die Länge von α^2 Librae, dem Hauptsterne der Wage, $\lambda = 186°, 25$.
Eine ganze Reihe dieser Vertikalstriche sind durch kleine
Horizontalstriche besonders markiert. Es soll damit angedeutet
werden, daß bei dieser Länge ein bestimmter Stern des be-
treffenden Tierkreisbildes steht.

Dieser Text erlaubt mit voller Sicherheit die Feststellung,
daß die babylonischen Astronomen, wenn sie sich der Armille[1]
bedienten, die Längen der Sterne auf der Ekliptik gemessen haben. Daraufhin ist nun der Nippurtext zu prüfen.
Als die gesuchten Gleichungen der drei Sterne ergeben sich
sofort: ^{kakkab} *ŠÚ-PA* = Arktur (α Bootis), ^{kakkab} *GIR-TAB* = Antares, ^{kakkab} *GIR* = λ Scorpii. Nach NEUGEBAUERS *Sterntafeln*
sind die Äquatorialkoordinaten der drei Sterne für —2000
die folgenden: Arktur: $\alpha = 166°, 49$, $\delta = + 42°, 76$; Antares:
$\alpha = 191°, 58$, $\delta = -9,51$; λ Scorpii: $\alpha + 201°, 91$, $\delta = -23°, 70$.
Nach bekannten Formeln umgerechnet, ergeben sich folgende
Längen für die drei Sterne: Arktur: $\lambda = 148°, 81$; Antares:
$\lambda = 194°, 40$; λ Scorpii: $\lambda = 209°, 24$. Die Distanzen sind dann

---

[1] Daß die Angaben unseres Textes auf eine Messung mit Hilfe
eines Apparates (Armille) zurückgehen, ist deshalb zweifellos, weil einmal
von Westen nach Osten und das zweitemal zurück von Osten nach Westen gemessen ist.

$$\text{Arktur} - \text{Antares} = 45°,59$$
$$\text{Arktur} - \lambda \text{ Scorpii} = 60°,43.$$

Daraus ergibt sich zunächst mit Sicherheit[1]: 1 *béru* $= 4°,5$; 1 *UŠ* $= 9'$; 1 *GAR* $= 9''$; 1 *Ú* $= \frac{3}{4}''$. Nach dem Nippurtext haben also die Distanzen folgende Größe:

$$\text{Arktur} - \text{Antares} = 46°,67$$
$$\text{Arktur} - \lambda \text{ Scorpii} = 60°.$$

Der Fehler beträgt hiernach im ersten Falle − 1°,08, im zweiten Falle + 0°,43. Die Distanzen verhalten sich nicht wie 7:9, sondern wie 700:928. Es liegt auch keine Möglichkeit vor, die Fehler zu verringern, da die Längendifferenzen nur durch die Eigenbewegung der Sterne in ganz minimaler Weise verändert werden. Obwohl nun Arktur bekanntlich eine verhältnismäßig beträchtliche Eigenbewegung hat, so übt sie dennoch so gut wie gar keinen Einfluß aus. Wenn man z. B. die Rechnung für −1500 macht, so erhält man für Arktur $\lambda = 155°,70$, Antares $\lambda = 201°,29$. Die Differenz beträgt also wieder 45°,59. Für die Feststellung der Genauigkeit der Messung ist also das Alter des Textes ohne jede Bedeutung[2].

Und nun zur Hauptfrage: Bleibt die Bedeutung des Textes für das Alter der babylonischen Astronomie bestehen oder nicht? Ganz zweifellos ja! Zur Beantwortung der Frage verweise ich auf die eben erschienene Arbeit von E. PACI, *Alcuni scandagli sulla esattezza del catalogo .di 1022 stelle contenuto nella sintassi matematica di Tolomeo: Pubblicazioni del Reale Osservatorio di Palermo* 1913, N. 31. PACI hat dort den Sternkatalog des Ptolemäus mit den Sterntafeln von NEUGEBAUER verglichen und festgestellt, daß die Angaben des Ptolemäus im allgemeinen sehr fehlerhaft sind. Die Fehler in den Längenangaben steigen bis

---

[1]) Zu diesem Resultate ist schon einmal KUGLER, SSB II, 1, S. 94 gelangt.   [2]) Erwähnt sei noch, daß die Rechnung auch für Spica stimmt. Spica hat −2000 die Länge $\lambda = 148°,38$; die Distanzen sind dann Spica — Antares $= 46°,02$, Spica — λ Scorpii $= 60°,86$. Es scheint also fast, als ob der babylonische Astronom, als er die Länge von Arktur an der Armille feststellte, sah, daß Arktur und Spica nahezu dieselbe Länge hatten, und überhaupt die Distanzen Spica — Antares und Spica — λ Scorpii gemessen hat. Die Genauigkeit der Messung erfährt dadurch keine wesentliche Änderung. HOMMEL macht mich freundlichst darauf aufmerksam, daß die Araber Spica und Arktur *simâk* nennen (vgl. IDELER, *Untersuch. über den Ursprung .. der Sternnamen*, S. 56, 172 und HOMMEL, ZDMG 45, S. 596).

auf $+ 3^0,87$; der größte Fehler in der Breitenangabe beträgt
$— 2^0,97$!! Man sieht also leicht, daß die Meßkunst der
Babylonier in der altbabylonischen Zeit der
Meßkunst der hellenistischen Griechen in der
alexandrinischen Periode durchaus überlegen
war. PACI hat auch noch die Tafeln des Albategnius (880 n. Chr.)
und die Alphonsischen Tafeln (1500 n. Chr.) mit den Sterntafeln
NEUGEBAUERS verglichen und folgendes festgestellt: bei Albategnius steigen die Fehler in den Längenangaben bis auf $— 4^0,07$,
in den Breitenangaben bis auf $+ 1^0,74$, in den Alphonsischen
Tafeln in den Längenangaben bis auf $— 4^0,8$, in den Breitenangaben $+ 1^0,71$!! Ich glaube, nach diesen Feststellungen wird
jeder Unvoreingenommene bewundernd vor der großartigen Meßkunst der altbabylonischen Meister stehen, die doch primitive
Apparate besaßen, und gern zugeben, daß wir hier ein Denk-
mal der wissenschaftlichen Astronomie der Babylonier aus alter
Zeit vor uns haben.

Und noch eins sei bemerkt: wir wissen ja gar nicht, mit
welcher Genauigkeit der Babylonier eigentlich die astronomische Messung vorgenommen hat. Was uns vorliegt, ist
schon eine astrologische Bearbeitung. Bei der Messung
sah der Astronom, daß die Distanzen sich ungefähr wie
7:9 verhielten. Da es sich um drei helle Sterne handelt und
die Zahlen 7 und 9 im babylonischen Systeme von weittragender
Bedeutung sind (s. JEREMIAS, HAOG, S. 149 f.), so erschien es
dem Astronomen von Wert, diese Tatsache zu notieren. Er ver-
änderte seine vielleicht genauere Messung nun in der Weise,
daß das genaue Verhältnis 7:9 herauskam. Wie genau die
eigentliche Messung war, können wir also vielleicht nicht sagen.
Wichtig ist noch das Folgende: Daß der Text um —2000 geschrieben ist, kann keinem Zweifel unterliegen. In dieser Zeit
hat man also schon die Lage der Ekliptik genau gekannt und
sich zur Messung am Himmel der Ekliptikallängen bedient,
deren Nullpunkt sicher der Frühlingspunkt war (das beweist
die oben beschriebene Tafel mit Darstellungen der Tierkreisbilder). All das beweist den hohen Stand der babylonischen
Astronomie um die Wende des dritten Jahrtausends; diese Tatsache noch länger zu bezweifeln, wäre ebenso töricht wie verfehlt und wird nun wohl hoffentlich in Zukunft unterbleiben.

4. Der Text K 160 aus Ašurbanipals Bibliothek, der von
VIROLLEAUD, ACh, *Ištar* XII—XIV veröffentlicht worden

ist[1], enthält eine große Reihe babylonischer Venusbeobachtungen, denen ein Schema zur Vorausberechnung von Auf- und Untergängen der Venus beigefügt ist. KUGLER hat nun die glänzende Entdeckung gemacht (SSB, II, 2, S. 280)[2], daß eine bisher mißverstandene Zeile des Textes die Datenformel für das achte Jahr des altbabylonischen Königs Ammizaduga ist. Damit ist also bewiesen, daß der vorliegende Text nur eine verhältnismäßig späte Abschrift eines altbabylonischen Originals ist, daß man also schon in altbabylonischer Zeit (um —2000) systematische Beobachtungen des Planeten Venus anstellte. Ja, man ist noch einen Schritt weiter gegangen und hat aus diesen Beobachtungen die Dauer des synodischen Umlaufes der Venus abzuleiten versucht, wie das Rechenschema lehrt. Welche Genauigkeit man dabei erzielt hat, möge das folgende Beispiel zeigen:

I. Am 11. Ṭebet geht Venus im Westen heliakisch auf, bleibt bis zum 15. Elul sichtbar, am 16. Elul verschwindet sie, bleibt sieben Tage unsichtbar und geht am 23. Elul im Osten heliakisch auf. Vom 11. Ṭebet bis zum 23. Elul vergehen, den Monat zu 30 Tagen nach babylonischem Schema gerechnet, 251 Tage[3].

II. Am 12. Šebaṭ geht Venus im Osten auf, bleibt bis zum 16. Tešrit sichtbar, verschwindet am 17. Tešrit, bleibt drei Monate unsichtbar und geht am 18. Ṭebet heliakisch im Westen auf. Vom 12. Šebaṭ bis zum 17. Ṭebet verfließen 334 Tage[3].

Zählen wir nun die beiden Angaben zusammen, so erhalten wir als Dauer des synodischen Umlaufes der Venus 585 Tage. Der richtige Wert ist 584 (583, 93) Tage, der Fehler beträgt also nur einen Tag.

Wenn nun aber jemand systematische Planetenbeobachtungen anstellt und daraus irgendeine ziemlich genaue Planetenperiode ableitet, so sprechen wir von wissenschaftlicher Astronomie. Daß eine solche also bereits im alten Babylonien vorliegt, wird nach den obigen Feststellungen nicht mehr bezweifelt werden können[4].

---

[1]) Vgl. auch die dem Bande *Sin* beigegebene Photographie des Textes.　[2]) Auf KUGLERS chronologische Schlüsse kann ich hier nicht eingehen.　[3]) Den 23. Elul, bzw. 17. Ṭebet darf man (gegen KUGLER) selbstverständlich nicht mitzählen, da an diesen Tagen die neue Periode einsetzt.　[4]) Im letzten Augenblick kommt mir noch ein aus dem Anfange des ersten vorchristlichen Jahrtausends stammender Text zu Gesicht, der in gleicher Weise wie K 160 ein Schema für die Planeten

5.[1] Dem unter Nr. 3 besprochenen Dokumente steht an Wichtigkeit nicht nach ein zweiter astronomischer Text aus Nippur, der hier zum ersten Male publiziert ist. Es handelt sich um den Text CBS 11901, einen astronomischen Beobachtungstext, dessen einzigartiger Wert darin liegt, d a ß e r n a c h d e m s i c h e r e n K r i t e r i u m d e r S c h r i f t a u s d e r K a s s i t e n p e r i o d e , d. h. a l s o a u s d e r Z e i t u m —1500 s t a m m t. Ich lernte den Text aus einer vorzüglichen am Schlusse des Heftes reproduzierten Photographie kennen, die mir auf die Bitte meines lieben Freundes Dr. ROBERT P. BLAKE, Privatdozenten an der Universität Pennsylvania, von der Verwaltung des Universitätsmuseums in liebenswürdigster Weise übersandt wurde. Herrn Dr. GEORGE B. GORDON, dem Direktor des Museums, und meinem Freunde Dr. BLAKE möchte ich auch hier für ihre freundlichen Bemühungen meinen herzlichsten Dank aussprechen.

Der Text lautet folgendermaßen in Umschrift:

Vorderseite, Kolumne II.

1. [*Du'ûzu 1*]	1 *GÙ-UD ittanmar*
2. [*15 N*]*A*	1 *Šamaš izzaz*
3.	21 kakkab *KAK-SI-DI ittanmar*
4. [*28* (?) *û*]*m bubbuli*	22 il*ZAL-BAT*a-nu *irabbi*
5. [*Ab*]*u 30*	11 *GÙ-UD irabbi*
6. [*1*]*5 NA*	
7. [*2*]*7 ûm bubbuli*	
8. [*Ulû*]*lu 1*	11 *GÙ-UD ittanmar*
9. [*1*]*5 NA*	
10.	26 *DIL-BAT irabbi*
11. [*28* (?)] *ûm bubbuli*	

Merkur und Mars enthält. Für Merkur ist als Zeit des synodischen Umlaufes 115d angenommen, der moderne Wert beträgt aber 115d,87. Näheres über die Tafel später.   [1]) Hierzu die Tafeln 1 und 2 am Ende des Heftes.

Rückseite, Kolumne I.

1.	[*Te*]*šrîtu 30*	*1 GÙ-UD irabbi*
2.		*3 šukalul šatti*
3.	*15 NA*	
4.		*mûšu 15 10 UŠ mûši illak*
5.		*il Sin atalâ išakkan*
6.	*27 ûm bubbuli*	
7.		*28 Šamaš atalâ išakkan*
8.	*Araḫsamna 1*	*18 il ZAL-BAT a-nu ittanmar*
9.	[*1*]*5 NA*	
10.		*26 DIL-BAT ittanmar*
11.	[*2*]*8 ûm bubbuli*	
12.	[*Kislimu*] *30*	*7 TE-UT irabbi*
13.		*11 GÙ-UD irabbi*
14.	[*15 (?)*] *NA*	
15.		*25 GÙ-UD ittanmar*
16.	[*27 (?) ûm bubb*]*uli*	*28 SAG-UŠ irabbi*

Es handelt sich also um einen Bericht über Mond-, Planeten-
und Finsternisbeobachtungen. Leider ist nur die eine Hälfte
der Tafel erhalten und mit der zweiten Kolumne der Rückseite
auch das Datum verloren gegangen. Wegen der Kürze der
zur Verfügung stehenden Zeit und Überhäufung mit allerlei
Arbeiten anderer Art ist es mir und Herrn Dr. NEUGEBAUER,
der mich wie immer auch hierbei in liebenswürdigster Weise
unterstützt hat, bisher nicht gelungen, aus den Angaben des
Textes sein genaues Datum festzustellen, obwohl wir teils unabhängig voneinander, teils gemeinsam alle in verhältnismäßig kurzer Zeit zu erledigenden Möglichkeiten durch-
gerechnet haben[1]. Wir behalten uns daher eine eingehende
Bearbeitung des Textes vor, die wir wahrscheinlich noch in
diesem Jahre den Fachgenossen vorlegen werden. · Aber auch
ohne das genaue Datum zu wissen, lassen sich aus dem Texte
zahlreiche Schlüsse von der höchsten Wichtigkeit ziehen.

---

[1] So viel konnte aber jedenfalls auf Grund von GINZELS *Speziellem
Kanon* festgestellt werden, daß der Text sich auf ein Jahr vor —900
bezieht.

Daß der Text in der charakteristischen Schrift der Kassitenzeit geschrieben ist, wird jeder Assyriologe leicht erkennen, der nur einen Blick auf die am Schlusse beigegebenen Photographien wirft. Auch HILPRECHT, der wohl kaum die Wichtigkeit des Textes erkannt hatte, hat in den Catalogue of the Babylonian Section geschrieben: „*Cassite period. Astronomical*". Die Tafel wird also rund aus der Zeit um —1500 stammen; die zeitlichen Grenzpunkte wären etwa —1700 und —1300.

Jede Kolumne zerfällt in zwei Spalten. Die erste Spalte gibt die Mondbeobachtungen für die einzelnen Monate. Angegeben ist zunächst die Dauer des Monats in der aus den spätbabylonischen Texten wohlbekannten Weise: Rs. 1 *Tešritu 30* bedeutet, daß der Elul 29 Tage hatte und daß der 1. Tešrit als 30. Tag die Periode abschließt; Rs. 8 *Araḫsamna 1* bedeutet, daß der Tešrit 30 Tage hatte und daß mit dem 1. Araḫsamna eine neue Periode beginnt. Dieses äußerst sinnreiche Verfahren wurde zuerst aus astronomischen Texten der Spätzeit bekannt (s. EPPING, *Astronom. aus Babylon*, S. 15), in ZA XXVII, S. 385 ff. wies ich es für die Sargonidenzeit nach und hier liegt es nun bereits in der Kassitenzeit vor. Recht auffällig ist es, daß immer 29- und 30 tägige Monate abwechseln. Genau dasselbe ist in dem Texte VAT 4956 aus dem 37. Jahre Nebukadnezars (s. unten S. 27) zu konstatieren. Im *Memnon* VI, S. 72 habe ich versucht, eine bestimmte Regel in der Aufeinanderfolge 29- und 30 tägiger Monate für die altbabylonische Zeit festzustellen, deren Richtigkeit mir heute mehr als fraglich erscheint (vgl. schon ZA XXVII, S. 386). Ob unseren beiden Texten eine Regel zugrunde liegt oder ob nur der Zufall seine Hand im Spiele hat, muß vorläufig unentschieden bleiben. An zweiter Stelle ist der Vollmondtermin angegeben. Soweit erhalten, fällt er durchweg auf den 15. des Monats. Als der Bezeichnung „Vollmond" entsprechender terminus technicus wird *NA* gebraucht, der sich in der gleichen Bedeutung auch in den spätbabylonischen astronomischen Texten findet. Wahrscheinlich ist *NA* eine Abkürzung von *namurtu* „Helligkeit, Glanz" (so schon KUGLER, SSB I, S. 275) und soll darauf hinweisen, daß der Mond nun in vollem Glanze strahlt. An dritter Stelle endlich finden wir den Termin des Altlichts, d. h. den Tag der letzten Sichtbarkeit des Mondes vor Neumond angegeben. Es handelt sich teils um den 27., teils um den 28. Tag des Monats. Diese Tage werden als *ûm bubbuli* bezeichnet.

Es zeigt sich hier also klar, daß damit zunächst nicht der „Neumondstag"[1], sondern der „Tag des Verschwindens des Mondes" gemeint ist.

Die zweite Spalte der beiden Kolumnen gibt nun in der Hauptsache Planetenbeobachtungen, und zwar sind ausschließlich die Zeiten der heliakischen Auf- und Untergänge der Planeten notiert, ohne sie jedoch örtlich zu fixieren. Ebenso sucht man Einzelheiten über den Lauf der Planeten vergebens. Es ist daher wahrscheinlich, daß wir hier nicht einen astronomischen Beobachtungsbericht im strengsten Sinne des Wortes vor uns haben, sondern nur ein kurzes Memorandum zum Handgebrauche des Astronomen. Die fünf im Altertume bekannten Planeten kommen sämtlich zum mindesten einmal vor. Ihre Namen sind fast alle dieselben, die wir in der spätassyrischen Zeit vorfinden, nur fehlen bei allen, außer Mars, die Determinative. Die Bezeichnungen *GÙ-UD* für Merkur und *DIL-BAT* für Venus haben sich unverändert bis in die spätbabylonische Zeit erhalten. Für *SAG-UŠ* (Saturn) ist in der Spätzeit das Zeichen *GIN* eingetreten, und von dem Namen des Mars ➤╪ *ZAL-BAT^{a-nu}* ist später gar nur das Determinativ übrig geblieben, nämlich *AN*[2]. Sehr bemerkenswert ist, daß Jupiter hier schon den Namen *TE-UT* (*mulu-babbar* „weißer Stern")[3] führt, der in der Assyrerzeit nie vorkommt, aber in den späteren Texten wieder auftaucht. Er stammt also auch schon aus recht alter Zeit. Die Termini technici für heliakischen Aufgang und Untergang sind *nanmuru* und *rabú*, wie in der ganzen Folgezeit.

Sehr wichtig sind nun vor allem die Merkurbeobachtungen. Es werden von ihm drei heliakische Aufgänge und drei heliakische Untergänge notiert. Ein heliakischer Aufgang, der in den Araḫsamna fallen müßte, ist nicht beobachtet worden. Es ist nun interessant, zu konstatieren, welche Dauer für den synodischen Umlauf des Merkur der babylonische Astronom aus diesem Texte hätte berechnen können. Da ein heliakischer Aufgang fehlt, erhält man nur zwei Resultate: 1. Am 11. Ab geht Merkur heliakisch unter, der entsprechende nächste Untergang fällt auf den 11. Kislev. Der dazwischenliegende Zeit-

---

[1]) Vgl. auch *Babyloniaca* VI, p. 16.   [2]) Damit löst sich endlich das alte Rätsel. Danach ist nun KUGLER, SSB I, S. 13, JASTROW, RBA II, S. 658, Anm. 8 usw. zu verbessern.   [3]) Vgl. JASTROW, RBA II, S. 449, Anm. 6. BEZOLDS Ansicht (*Zenit- und Äquatorialgestirne*, S. 9), *UT* sei nur eine Abkürzung von *UT-AL-TAR*, erweist sich damit als falsch.

raum beträgt 119 Tage. 2. Am 11. Elul geht Merkur heliakisch auf, der entsprechende heliakische Aufgang ist am 25. Kislev beobachtet worden. Beide Daten liegen um 103 Tage auseinander. Das arithmetische Mittel der beiden Werte 119 und 103 beträgt 111 Tage. Der synodische Umlauf des Merkur beträgt nun 115,87 Tage. Die uns vorliegende halbjährige Beobachtung des Planeten hätte also einen Wert für den synodischen Umlauf ergeben, der von dem richtigen fast fünf Tage abweicht. Nun ist es doch wohl selbstverständlich, daß unser Text nicht ein einzigartiges Dokument darstellt, sondern daß während der ganzen Kassitenzeit und später ununterbrochene Himmelsbeobachtungen stattgefunden haben. Da aber etwa 150 bis 200 Jahre vollauf genügen, um den synodischen Umlauf des Merkur genau festzustellen, so kann wohl jetzt kein Zweifel mehr sein, daß die Babylonier diesen bereits um —1000 genau gekannt haben. Lesen wir nun nach, was KUGLER, SSB, *Ergänzungsheft*, S. 132 darüber schreibt:

„Vor dem Ende des VI. Jahrhunderts war die Periode des Merkur noch unbekannt[1]. Dies ergibt sich aus der oben erwähnten Tafel SH 135, die frühestens jener Zeit angehört. Ihr Verfasser kennt zwar bereits die synodischen Perioden der Venus (8 Jahre minus 4 Tage), des Mars (47 Jahre), des Saturn (59 Jahre); aber für Merkur bietet er 6 statt 13 oder 46 Jahre. Diese Unkenntnis der Merkurperiode gibt sich auch in der vorerwähnten Liste der Tafel Sp. II 985, und zwar dadurch kund, daß ihr Verfasser den Merkur gar nicht erwähnt[1]. Hätte man aber auch vorher nur 200 Jahre hindurch die Auf- und Untergänge dieses Planeten systematisch beobachtet, so hätte man gewiß auch seine Periode ausfindig gemacht."

Nach den obigen Feststellungen erweist sich das als sicher falsch. Und wie es steht mit der Berufung auf die Tafel SH 135, die KUGLER in SSB I, Tafel II veröffentlicht hat? Das vorliegende Exemplar mag wohl aus dem Ende des sechsten Jahrhunderts stammen, aber alles spricht dafür, daß es kein Original, sondern nur eine Kopie eines bedeutend älteren Originals ist. Das zeigt sich besonders in dem Umstande, daß durchweg die älteren Planetennamen verwandt sind und daß Sirius noch den Namen ^{kakkab} *KAK-SI-DI*, und nicht, wie in der Spätzeit, ^{kakkab} *KAK-BAN* führt. Das Original aber dürfte spätestens in der Kassitenzeit abgefaßt, wahrscheinlich aber noch älter sein. Und wie steht es mit der Ungenauigkeit der dort genannten Merkurperiode? Es heißt, daß Merkur

---

[1] Von KUGLER gesperrt.

nach sechs Sonnenjahren (6 · 365^d,25, s. KUGLER, a. a. O., S. 46) die gleiche Stellung zur Sonne einnehme. In Wirklichkeit trifft das aber erst in 6 Jahren + 10 Tagen zu. Dann müßten also die Babylonier zur Zeit der Abfassung von SH 135 den synodischen Umlauf des Merkur etwa um einen halben Tag zu hoch angesetzt haben. Das ist indessen ein Trugschluß! Der Text gibt in Wirklichkeit durchweg abgerundete Werte. So wird z. B. der siderische Umlauf des Mondes auf 27^d statt auf 27^d,32 angesetzt. Es handelt sich eben hier um Werte, mit deren Hilfe man gewünschte Positionen in Vergangenheit und Zukunft rasch und bequem mit angenäherter Genauigkeit berechnen konnte. Daraus aber zu schließen, die genauen Werte wären unbekannt gewesen, ist sicher falsch. Ich verweise auf ein schlagendes Analogon, das unten näher besprochen werden wird. KUGLER hat in seiner *Babylonischen Mondrechnung*, S. 83 ff. festgestellt, daß die Babylonier im dritten Jahrhundert die Länge der Jahreszeiten mit großer Genauigkeit gekannt haben. Trotzdem teilen sie in ihren Texten bis in die allerspäteste Zeit das Jahr aus Bequemlichkeitsrücksichten in vier möglichst gleiche Teile (s. unten S. 37). Der Schluß, den man im Sinne KUGLERS daraus ziehen könnte, daß sie selbst in der spätesten Zeit die genaue Länge der Jahreszeiten nicht kannten, wird durch jene anderen Texte glatt widerlegt. Und was den Jahreszeiten recht ist, dürfte wohl auch dem Merkur billig sein.

Auf eine sehr interessante Tatsache sei hier noch aufmerksam gemacht. Ich zeigte oben, daß der babylonische Astronom allein aus den halbjährigen Beobachtungen des Kassitentextes den synodischen Umlauf des Merkur auf 111 Tage bestimmen konnte und daß kein Zweifel sein kann, daß man seinen genauen Wert um —1000 gekannt hat. Und was steht nun in einem unveröffentlichten Texte, der aus dem Jahre 687 v. Chr. datiert ist?:

„Merkur, dessen Name Ninib ($^{il}MA\check{S}$) ist, wird im Osten oder Westen sichtbar. 7 Tage oder 14 Tage oder 21 Tage oder 4 Monate oder 5 Monate 15 Tage steht er am Himmel. Wenn er dann verschwindet, bleibt er ebensoviele Tage, als er am Himmel stand, unsichtbar und geht · dann im Osten oder Westen auf dem ‚Wege der Sonne' wieder auf." Davon ist nur richtig, daß die Sichtbarkeit des Merkur etwa 7—21 Tage beträgt. Zwischen diesen Werten wird ihre Dauer, je nach

den Witterungsverhältnissen, im Orient schwanken. Aber
daß er 4 Monate oder gar 5 Monate 15 Tage ununterbrochen
sichtbar sei, ist ganz unverständlich, da er in nicht ganz
4 Monaten bereits einen ganzen synodischen Umlauf vollendet.
Und die Angabe, daß er genau so lange unsichtbar bleibe, wie
er sichtbar war, ist erst vollends Unsinn. Wir haben hier eben
babylonische Weisheit aus den urältesten Zeiten vor uns, als
man die ersten tastenden Versuche machte, die Grundlagen
einer wissenschaftlichen Astronomie zu schaffen. Diese Texte
sind dann immer wieder bis in die spätesten Zeiten abgeschrieben
und zu astrologischen Spekulationen verwandt worden. Für
das Wissen der Babylonier auf dem Gebiete der wissenschaftlichen Astronomie aber besagen sie rein gar nichts. Was ich seit
Jahr und Tag predige, zeigt sich hier also von neuem bestätigt: man hüte sich, aus der babylonischen Astrologie Schlüsse
auf die babylonische Astronomie zu ziehen!

Ich kehre jetzt wieder zu unserem Kassitentexte zurück. Die
zweite Spalte gibt ferner noch das Datum des Sommersolstitiums (1. Tammuz) und des Herbstäquinoktiums (3. Tešrit).
Zwischen beiden Daten liegen 91 Tage, d. h. ziemlich genau
ein Vierteljahr; man vergleiche dazu das oben über die Jahreszeiten Gesagte (s. auch unten S. 37). Weiter wird unter dem
21. Tammuz gesagt, daß der [kakkab] KAK-SI-DI an diesem Tage
heliakisch aufgehe. Es kann sich selbstverständlich nur um
den Sirius handeln, der auch in den spätbabylonischen Beobachtungstexten als einziger Fixstern unter dem Namen [kakkab] KAK-
BAN auftritt; wir haben hier also die schönste Bestätigung für
die von mir in *Babyloniaca* VI, S. 29 ff. bewiesene Gleichung:
[kakkab] KAK-SI-DI = Sirius (vgl. unten Kap. III).

Am wichtigsten aber erscheint es mir, daß unter dem
Monat Tešrit auch zwei Finsternisse notiert sind[1]. Es heißt
da: „In der Nacht des 15. (Tešrit) gingen 10 $U\check{S}$ (= 40^m) der
Nacht dahin, der Mond machte eine Finsternis". Mit *mûšu*
„Nacht" wird die Zeit von 6 Uhr abends bis 6 Uhr morgens

---

[1]) Mit Hilfe dieser Finsternisse muß es am ehesten möglich sein,
das genaue Datum des Textes festzustellen. Es handelt sich um eine
Mondfinsternis, die etwa 12 Tage nach dem Herbstäquinoktium eintrat,
und eine Sonnenfinsternis, 13 Tage nach der Mondfinsternis. Leider ist
die zeitliche Aufeinanderfolge der drei Phänomene nicht allzu selten,
so daß es doch wohl nötig sein wird, alle in Nippur sichtbaren Finsternisse, die im zweiten Jahrtausend in diese Zeit fielen, zu berechnen.

bezeichnet, mit *úmu* „Tag“ die Zeit von 6 Uhr morgens bis 6 Uhr abends. Die Mondfinsternis begann also $6^h 40^m$ abends. Zum 28. des gleichen Monats ist dann eine Sonnenfinsternis notiert: „am 28. machte die Sonne eine Finsternis“. Es ist klar, daß man selbst nur bei Notierung der Daten (vgl. aber oben das über den Zweck unseres Textes Bemerkte) nach 150 bis 200 Jahren fortgesetzter Beobachtungen irgendeine Finsternisperiode finden mußte. Um —1000 ist also eine solche zweifelsohne bekannt gewesen, und zwar handelt es sich aller Wahrscheinlichkeit nach um den Saros oder ein Vielfaches davon. Die Kenntnis desselben dürfte überhaupt zu den ältesten Bestandteilen der wissenschaftlichen Astronomie der Babylonier gehören. Und nun hören wir, was KUGLER, SSB, *Ergänzungsheft*, S. 131 f. darüber sagt[1]:

„Vor dem VIII. Jahrhundert wurden die Finsternisse des Mondes (und der Sonne) noch nicht mit jener Sorgfalt beobachtet, die für die Feststellung ihrer Periode notwendig ist, letztere war noch im VII. Jahrhundert unbekannt.

Beweis. Die ältesten einigermaßen brauchbaren babylonischen Beobachtungen von Mondfinsternissen stammen nach Ptolemäus (Almagest IV, 5) aus den Jahren 721 und 720 v. Chr. (vgl. Sternk. II, 68 ff.). Die sich darin kundgebende Genauigkeit übertrifft in keiner Weise diejenige, welche uns in einzelnen assyrischen Texten der Spätzeit begegnet (Sternk. II, 70 und 62ff.). Von einer Kenntnis des Saros (der 18 jährigen Periode der Finsternisse) findet sich in jenen Texten nicht die geringste Andeutung; alles spricht vielmehr dagegen, daß die Astrologen der damaligen Zeit den Saros gekannt haben und imstande waren, eine Mondfinsternis auf längere Zeit hinaus mit Sicherheit anzusagen (Sternk. II, 62ff.).“

Daß diese Behauptungen von unserem Kassitentexte schlagend widerlegt werden, dürfte jedem ohne weiteres klar sein. Ich verweise auch auf die unter Nr. 7 gebuchte Textstelle, welche auch ihrerseits KUGLERS Ansicht als falsch erweist.

Damit sei für diesmal die Besprechung des neuen Textes beschlossen. Die eingehende Bearbeitung soll nach Erledigung aller Rechnungen bald folgen. Jedenfalls liefert er durch sein Alter und seinen Inhalt den durchschlagenden Beweis für das hohe Alter der babylonischen Astronomie. Damit ist KUGLERS Niederlage in dieser eminent wichtigen Frage endgültig besiegelt.

Gegenüber diesem Texte müssen natürlich alle übrigen Beweise für das hohe Alter der babylonischen Astronomie stark

---

[1]) Vgl. auch SSB I, S. 51 ff.

zurücktreten. Um aber das Material vollständig beisammen zu
haben und den Beweis in allen Punkten bis ins einzelne vollständig führen oder mehrfach belegen zu können, sind auch
diese Texte im folgenden eingehend besprochen.

6. Etwas jünger als der eben besprochene Text dürfte die
bekannte Sternliste aus Boghaz-Köi sein, die zuerst JEREMIAS
in KAO III², S. 32 ff. nach einer Kopie WINCKLERS veröffentlicht hat. Inzwischen habe ich den Text selbst kopiert
und gebe danach unten eine Umschrift des ganzen in Betracht
kommenden Abschnittes[1]. Die Versehen WINCKLERS sind darin
ohne weiteres verbessert, die Z. 39 f., welche WINCKLER bei
JEREMIAS fortgelassen hatte, sind neu hinzugefügt. Es handelt
sich um den letzten Abschnitt (Rs. 32 ff.) eines großen Textes,
der zum Gebiete der Šurpu-Texte gehört[2]. Zum Schlusse werden
darin auch die Planeten Merkur, Mars, Jupiter und Saturn und
die wichtigsten Fixsterne und Fixsternbilder angerufen.

32. [an ku-uta]ḫ[3] ki ku-utaḫ an ki ku-utaḫ ki ki ku-utaḫ mu-ul
    a-na še-ga

33. [mu-ul m]u-ul a-na še-ga mu-ul šá a-na ku-utaḫ an ši-ki-la ki
    ši-ki-la

34. [an ki ši-]ki-la ki ki ši-ki-la mu-ul a-na še-ki-la mu-ul mu-ul
    a-na še-ki-la

35. [mu-u]l šá a-na še-ki-la an ki še-ga ki ki še-ga mu-ul a-na še-ga

36. [mu-u]l mu-ul a-na še-ga mu-ul šá a-na še-ga ku-wa-ja mul

37. [šá?] i-na šá-me-e iz-zi-iz-zu ᵈᵁA-nu ᵈᵁEn-lil ib-nu-ku-nu-ši
    ir-šu ᵈᵁNu-dim-mud

38. [ú-š]á-at-li-im-ma šá-ku-du šú-nu-du ilâniᵖˡ mûšâtiᵇᵃ iz-zi-za-
    ni-ma el-ti pu-uṭ-ra

39. [š]ú-uḫ-ru-ur ṣi-e-ru šadâ (ḪAR-SAG) šú-kam-ma ma-aš-ka-
    a-an ᵍⁱˢ dalti tur-ra

40. [b]âba na-du-u si-gur-ra šú-kam-ma ka-ma-an mûšâtiᵇᵃ er-
    kam-ma ma-ḫa-az bi-ti-ma

41. abulla šá ilâniᵖˡ rabûti (GAL-GAL) ir-pa-nim-ma il mu-ši-ti
    ᵈᵁištar mu-ši-ti

42. ḳa-aḳ-ḳa-du du-mu ul-la tu-ši-ši du-mu ku-u-ra-du mu-kar-du

---

1) Der Keilschrifttext wird im ersten Bande der „Urkunden aus dem
Archive von Boghaz-Köi“, der wahrscheinlich noch in diesem Herbste aus-
gegeben werden wird, von mir veröffentlicht werden.   2) Vgl. ZIMMERN,
Der babylonische Gott Tamūz, S. 37, Anm. 1.   3) Zeichen BRÜNNOW 6169.

43. *kakkab a-ḫa-ti kakkab ṭâbâti* (*DÚG-DÚG*) *kakkab* ᵈ*Dumu-zi kakkab* ᵈ*Nin-ki-zi-da* ᵏᵃᵏᵏᵃᵇ*E-ku-e*

44. ᵏᵃᵏᵏᵃᵇ*Zappu* ᵏᵃᵏᵏᵃᵇ*Giš-li-e* ᵏᵃᵏᵏᵃᵇ*Ši-pa-zi-a-na* ᵏᵃᵏᵏᵃᵇ*Ka-ak-zi-zi*

45. ᵏᵃᵏᵏᵃᵇ*Giš-ban* ᵏᵃᵏᵏᵃᵇ*Gir-tab* ᵏᵃᵏᵏᵃᵇ*Našru*ᵇᵘ ᵏᵃᵏᵏᵃᵇ*Nûnu* ᵏᵃᵏᵏᵃᵇ*Šá-am-ma-aḫ*

46. ᵏᵃᵏᵏᵃᵇ*Ka-ad-du-uḫ-ḫa* ᵏᵃᵏᵏᵃᵇ*Enzu* (*MÁŠ*) ᵏᵃᵏᵏᵃᵇ*Mar-tu šú-ú-ut* ᵈ*É-a iz-zi-za-ni*

47. *šú-ú-ut* ᵈ*É-a nap-ḫar šú-ú-ut* ᵈ*A-ni ru-za-ni šú-ú-ut* ᵈ*En-l*[*il*]

48. *ki-me-ir-ku-nu er-ra-ni me-ḫi-ir-ku-nu da-me-du*

Die Sternliste wird in Z. 43 eingeleitet durch die vier Sterne *kakkab a-ḫa-ti, kakkab ṭâbâti, kakkab* ᵈ*Dumu-zi* und *kakkab* ᵈ*Nin-ki-zi-da*, in denen wir mit Sicherheit die vier Planeten Mars, Jupiter, Saturn und Merkur erkennen dürfen. *Kakkab aḫâti* bedeutet „Stern der Widrigkeiten, der Feindseligkeiten". Es ist also ein Unglücksplanet gemeint, und das kann nur Mars sein. Bestätigt wird das dadurch, daß Mars in den Sternlisten den Namen *kakkabu aḫû* „feindlicher Stern" trägt (vgl. K 250, Kol. II, 11 [CT XXVI, 40], ergänzt durch K 7646, CT XXIX, 47), entsprechend der hier gewählten Bezeichnung *kakkab aḫâti*. Gegenübergestellt wird ihm der *kakkab ṭâbâti* „Stern der ‚Günstigkeiten'". Der Glücksstern κατ' ἐξοχήν ist aber nach der babylonischen Lehre der Jupiter. Es kann auch sonst kein anderer Planet in Betracht kommen, da sich die beiden übrigen Sternnamen als Namen des Saturn und Merkur herausstellen werden. Daß der Stern des Tammuz der Saturn ist, ergibt sich aus folgender Tatsache: nach K 250, Kol. IV, Z. 8—12 (CT XXVI, 40) ist ᵏᵃᵏᵏᵃᵇ*GEŠTIN* = ᵈ*MI*, ᵏᵃᵏᵏᵃᵇ*GEŠTIN* = ᵈ*Dumu-zi*, also auch ᵈ*MI* = ᵈ*Dumu-zi*. II R 49, 3, 19 bietet aber die Gleichung: ᵏᵃᵏᵏᵃᵇ*MI* = ᵈ*SAG-UŠ* „Saturn". Also Tammuzstern = Saturn. Bleibt noch *kakkab* ᵈ*Nin-ki-zi-da* = *kakkab* ᵈ*Nin-giš-zi(d)-da*. Daß Ningišzida = Nebo-Merkur ist, folgt aus IV R 33, 2, 5, wie ich OLZ 1913, Sp. 55 gezeigt habe. Daß der Planet Venus fehlt, wird keinen wundernehmen, der die überragende Bedeutung des Vierplanetensystems in der babylonischen Astronomie kennt (s. OLZ 1913, Sp. 23 ff.). Venus gehört dagegen mit Mond und Sonne zu einer Trias zusammen. Daß die vier Planeten und nicht etwa Fixsterne gemeint sind, zeigen 1. die Namen, wie eben gezeigt, 2. die Tatsache, daß jetzt hinter Merkur die Reihe der Tierkreisbilder mit Widder einsetzt.

Die Zeilen 43—45 zählen nun neun Tierkreisbilder auf, wobei die lichtschwächeren durch naheliegende helle Fixsterne oder Fixsternbilder ersetzt sind. Die Namen sind zum Teil etwas „hethitisiert", woraus sich mancher Wink für die Aussprache derselben im Babylonischen entnehmen läßt. Die Liste lautet also folgendermaßen:

1. *kakkab* *E-ku-e*[1] = W i d d e r.
2. *kakkab* *Zappu*[2] = Plejaden }
3. *kakkab* *Giš-li-e* = Aldebaran } S t i e r.
4. *kakkab* *Ši-pa-zi-a-na*[3] = Orion, vertritt die Z w i l l i n g e.
5. *kakkab* *Ka-ak-zi-zi*[4] = Sirius, vertritt den K r e b s.
6. *kakkab* *Giš-ban*[5] = J u n g f r a u.
7. *kakkab* *Gir-tab* = S k o r p i o n.
8. *kakkab* *Našru*[bu] = Adler, vertritt den S t e i n b o c k.
9. *kakkab* *Nûnu*[6] = Piscis austrinus, vertritt den W a s s e r m a n n.
10. *kakkab* *Šá-am-ma-aḫ*[7] = F i s c h e.

---

[1]) *e-ku-e* ist = *ikû*, der richtigen Lesung für die Gruppe *DIL-GAN*, wie JENSEN, KAO III[2], S. 33 und OLZ 1911, Sp. 184, Anm. 2 gezeigt hat (zu *DIL-GAN* = *ikû* s. CT XXIV, 3, K 4333, I, 15; VACh, *Adad* VII, 18; Hemerologie des Astrolabs B I, 1/7 und unten S. 22). Zu *kakkab* *DIL-GAN* = Widder + Cetus (manchmal, wie hier, nur = Widder, manchmal auch nur = Cetus) s. unten Kap. III.　　[2]) Dies ist die richtige Lesung für die Gruppe *mul* *MUL*; vgl. z. B. K 7069, II, 6 (CT XXVI, 49), Hemerologie des Astrolabs B I, 12/19 und unten S. 22. *Zappu* ist nach Br. M. 93035, Vs. II, 26 (CT XII, 4) ein Synonymum von *kakkabu*, bedeutet also „Stern". Die Plejaden werden also tatsächlich als „Gestirn κατ' ἐξοχήν" betrachtet, wie ich es bereits früher angenommen habe (s. *Babyloniaca* VI, S. 151; sicher falsch KUGLER, SSB, *Ergänzungsheft*, S. 24f.). Ob zu *zappu* ägypt. *s̓ b* „Stern" zu vergleichen ist, worauf mich HOMMEL aufmerksam macht??　　[3]) = *ŠIB-ZI-AN-NA*, woraus zu schließen ist, daß der anlautende Konsonant auch im Babylonischen als *š*, nicht als *s* gelesen wurde.　　[4]) = *Kak-si-DI*. Die obige Schreibung zeigt, daß wir aller Wahrscheinlichkeit nach den Namen *kakkab* *Kak-si-sá* zu lesen haben; vgl. auch die Glosse zu ThR 209, 4.　　[5]) Es gibt bekanntlich zwei „Bogensterne" am Himmel: 1. heißt der Canis major so mit dem angrenzenden Teile von Puppis und 2. ist es ein Name der Virgo (vgl. z. B. K 250, Kol. I, 12 [CT XXVI, 40], ergänzt durch K 13677 [ib. 50]; daß K 13677 zu K 250 gehört, hat mir L. W. King durch Nachprüfung im British Museum freundlichst bestätigt). Welchem Sternbild der *kakkab* *Giš-ban* hier entspricht, ist sehr schwer zu entscheiden. Ist es der Canis major, so wären die Tierkreisbilder des Löwen und der Jungfrau vollständig unvertreten. Ist es aber die Virgo, so fehlt nur der Löwe. Bis auf weiteres habe ich mich daher für das letztere entschieden.　[6]) Zu *kakkab* *Nûnu* = Piscis austrinus s. unten Kap. III, S. 47f. [7]) = *kakkab* *Šim-maḫ* „südlicher Fisch des Tierkreises" (s. Kap. III, S. 43ff.).

Es sind also im ganzen neun Tierkreisbilder teils direkt, teils indirekt genannt. Daß Wage und Schütze fehlen, ist nicht verwunderlich, da sie erst spät vom Tierkreisbilde des Skorpions getrennt worden sind (zur Auffassung der Wagschalen als Scheren des Skorpions vgl. OLZ 1913, Sp. 150 und zur Vereinigung von Skorpion und Schütze s. ThR 236 G, 5—6: „der Stachel des Skorpionsgestirns entspricht dem ^{kakkab} *PA-BIL-SAG* [Schütze]“; 272, 9 usw.). Weshalb dagegen der Löwe übergangen ist, vermag ich mir nicht zu erklären. Oder darf man annehmen, daß das sehr wenig umfangreiche Tierkreisbild des Krebses und das des Löwen als ein Sternbild gedacht sind?

Skeptiker werden ausrufen: „Also hat man den zwölfteiligen Tierkreis noch nicht gekannt, als der Boghaz-Köi-Text geschrieben wurde!“ Gemach —! Was soll der Hinweis auf einen z w ö l f t e i l i g e n Tierkreis? In wieviel T e i l e der Tierkreis bei einem bestimmten Volke zerfällt, das richtet sich doch ganz nach dem Zahlensystem, das dort bevorzugt wird. In einem Lande, wo die Acht eine große Rolle spielt (wie in Elam), wird man einen achtteiligen Tierkreis finden, in einem Lande der „Neun“ einen neunteiligen, in einem Lande der „Zwölf“ einen zwölfteiligen usw. Das sind aber alles nur D i f f e r e n - z i e r u n g e n der Lehre, die n e b e n einander, nicht n a c h ein - ander entstanden sind. Man hat in letzter Zeit viel von einer achtteiligen „Urform des Tierkreises“ gehört[1]; ich gebe gern zu, daß gerade die A c h t t e i l u n g eine besonders große Ausbreitung erfahren hat, aber von einer „Urform“ kann man dabei keineswegs sprechen, abgesehen davon, daß man von der „Urform“ des Tierkreises schwerlich je etwas wissen wird. Ebenso sicher ist es, daß die Zwölfteilung immer größeren Einfluß und schließlich allgemeine Geltung gewonnen hat. Diese Teilung, der das Sexagesimalsystem zugrunde liegt, ist zweifellos von Babylonien ausgegangen[2]. Das Sexagesimalsystem gestattet aber noch andere Teilungen, und so wird auch die Neunteilung[3], die wir hier in dem von babylonischer Kultur vollständig durch-

---

[1] Vgl. RÖCKS ganz vortrefflichen Aufsatz im *Memnon* VI, S. 147 ff. Für die Ausdehnung und Bedeutung des achtteiligen Tierkreises sind vor allem die überaus wichtigen Arbeiten von F. BORK (besonders *Oriental. Archiv* III, S. 1 ff. und 151 ff.) zu vergleichen, der aber folgerichtig nirgends dabei von einer „Urform“ spricht.   [2] Sie ist ja schon für den Anfang des ersten Jahrtausends für Babylonien bezeugt (s. oben S. 5).   [3] Zur „Neun“ vgl. A. JEREMIAS, HAOG, S. 150.

tränkten Hethiterlande vorfinden, auf Babylonien zurückzuführen sein.

In Z. 46 unseres Textes folgen nun die Sterne ^{kakkab} Ka-
ad-du-$u\d{h}$-$\d{h}a$, ^{kakkab} $Enzu$ ($MA\check{S}$) und ^{kakkab} MAR-TU. Mit dem
ersteren ist sicher der ^{kakkab} $(UT$-$)KA$-$D\breve{U}(\d{H})$-A (Cygnus [mit
Deneb] + Lacerta) gemeint. Was das fehlende UT betrifft, so
mache ich darauf aufmerksam, daß in einer ganzen Reihe unveröffentlichter Texte das Gestirn tatsächlich nur ^{kakkab} KA-$D\breve{U}$-A
heißt. Mit ^{kakkab} $Enzu$ ist die Lyra mit Wega gemeint, der
^{kakkab} MAR-TU ist nach dem Fixsternkommentar des Astrolabs
B II, 13 f. identisch mit dem ^{kakkab} $\check{S}\acute{U}$-GI, unserem Fuhrmann
mit Capella (s. Kap. III). Es werden also in Z. 15 drei der
hellsten Sterne des Nordhimmels (Deneb, Wega und Capella)
angerufen.

Was beweist unser Text nun für das Alter der wissenschaftlichen Astronomie in Babylonien? Zunächst, daß man die
längs der Ekliptik, der „Bahn der Sonne", liegenden Gestirne,
die Tierkreisbilder, längst von den übrigen abgesondert und zu
bestimmten Gruppen vereinigt hatte. Auch das System der
Paranatellonta ist bereits erfunden, d. h. das System, für weniger
helle Tierkreisgestirne naheliegende helle Sternbilder oder Sterne
eintreten zu lassen. Das ist aber keine primitive Astronomie
mehr, das sind vielmehr, wie bereits WEISSBACH [1] im Hinblick
auf NEWCOMB-ENGELMANN hervorgehoben hat, die Anfänge
einer wissenschaftlichen Astronomie. Dieselben dürfen aber
keineswegs in die Zeit unseres Textes gesetzt werden, wogegen
ja auch die oben behandelten anderen älteren Texte sprechen.
Es darf nicht vergessen werden, daß hier nur „angewandte"
Astronomie in einem Beschwörungstexte vorliegt. Zum Glück
ist die „Anwendung" in solchem Umfange vorgenommen worden,
daß wir imstande sind, zu konstatieren: „die Existenz einer
wissenschaftlichen Sternkunde schimmert deutlich hindurch".
Und noch auf eins sei aufmerksam gemacht: Wir finden hier
babylonische Astronomie im Hethiterlande. Nur etwas, was im
Heimatlande in großer Blüte steht, wird von der Fremde übernommen; das gilt vom Altertum noch mehr als von der Neuzeit.
So ist also auch dies ein Beweis für die Richtigkeit unserer These.

Im Anschlusse hieran sei noch auf eine unveröffentlichte
Sternliste hingewiesen, welche noch einige Jahrhunderte älter

---

[1] *Historische Vierteljahrsschrift* 1911, S. 63.

sein dürfte als die Boghaz-Köi-Liste und jedenfalls für die erste Hälfte des zweiten Jahrtausends beweist, daß alle Sterne und Sternbilder schon damals die später gebräuchlichen Namen führten:

1.	*MUL*	*kak-ka-bu*
2.	*mul MUL*	*zap-pu*
3.	*mul BIR*	*ka-li-tu*
4.	*mul DIL-GAN*	*i-ku-u*
5.	*mul GÙ-AN-NA*	*bêl li-e*
6.	*mul ŠIB-ZI-AN-NA*	*ši-dal-lu*
7.	*mul AN-TA-ŠUR-RA*	*ṣa-ri-ru*
8.	*mul AL-TAR*	*il UMUN-PA-Ė*
9.	*mul UMUN-PA-Ė*	„
10.	*mul Marduk*	*ni-bi-ru*
11.	[*mul UR-*]*MAḪ*	*ni-e-šu*
12.	[*mul* . . . . . .]	*ni-il-tu*
13.	[*mul* . . . . . .]	*an-ba-ru*
14.	[*mul UR-KU*]	*kal-bu*
15.	[*mul Ú-ELTEG-GA bu*]	*a-ri-bu*
16.	[. . . . .]	[. . . .] . . -*bu*
17.	[. . . . .]	[. . . .] . . -*nu*
18.	[*mul EN-TE-NA-MAŠ-ŠÍG*]	[*ḫa-ba-ṣ*]*i-ra-nu*

Einige Bemerkungen: Z. 2. Vgl. oben S. 19. — 3. *kalîtu* = „Niere“. Vgl. auch schon K 7069, II, 9 (CT XXVI, 49). — 4. Vgl. dazu das oben S. 19, Anm. 1 Bemerkte. — 5. Statt *bêl li-e* „Herr des Stiers“ finden wir sonst gewöhnlich *giš-li-e* übersetzt, z. B. Hemerologie des Astrolabs B I, 26/32 (s. mein *Handbuch* I, S. 85); vgl. auch II R 49, 3, 45. — 6. *mul ŠIB-ZI-AN-NA*, der Orion, wird hier erklärt als *ši-dal-lu* „der Riegler“ = der Türhüter, Pförtner. Ebenso bietet die Hemerologie des Astrolabs B I, 38/45 die Gleichung *mul ŠIB-ZI-AN-NA* = *ši-ta-dal-lu*. Danach ist K 250, IV, 2—3 (CT XXVI, 40) zu ergänzen: *mul ŠI[B-ZI-AN-NA]* = [*š*]*i-ta-ad-*[*da-lu*] *ša ina giš kakki ma*[*ḫ-ṣu*]. Vgl. auch II R 47, 21 c d[1] und zum Ganzen mein *Handbuch* I, S. 93f. und einen Aufsatz über die Adapalegende, der demnächst in einer Fachzeitschrift erscheinen soll. — 7. Vgl. IV R 26, 38—39 b und Jensen, *Kosmologie*, S. 158. — 10. Vgl. II R 51, 61 a b, wo zu lesen ist: *kakkab il Marduk* = *ne-bí-rú.* 18. Ergänzt nach II R 49, 3, 47.

7. Oben S. 16 habe ich die Stelle abgedruckt, an der KUGLER behauptet, daß man noch im VII. Jahrhundert keine

---

[1]) Dort ist natürlich *il Muš-ta-dal-lu*, nicht *il Muš-ta-ri-lu* zu lesen. Die Zusammenstellung mit arab. *al-Muštarî*, einem Namen des Planeten Jupiter, erweist sich damit als hinfällig (danach ist Hommel, *Aufs. und Abh.*, S. 381 und Kugler, SSB I, S. 219f. zu verbessern).

Finsternisperiode gekannt habe. Dem widerspricht außer dem oben behandelten Beobachtungstexte aus der Kassitenzeit auch eine Stelle in einem astrologischen Kommentare. Wir lesen nämlich VACh, 2. Suppl. XIX, 19—20:

19. [—] ^{il} *Sin atalâ iš-tak-nu arḫa ûma^{ma} maṣṣarta šâra ḫarrâna u kakkarê^{pl} kakkabâni^{pl} ša ina libbi atalû iššuknu^{nu} ŠÁR-ŠÁR-ma*

20. [*i-da-a?-*]*ti a-na ša arḫi-šu ûm^{um}-šu maṣṣarti-šu šâri-šu ḫarrâni-šu u kakkabi-šu tanaddin^{in}*

19. „Macht der Mond eine Finsternis, so sollst du Monat, Tag, Nachtwache, Windrichtung, Verlauf und die Örter der Gestirne, darinnen die Finsternis stattfindet, genau verzeichnen (?) und

20. die Vorzeichen (?), (welche sich beziehen) auf die (astrologische Bedeutung) ihres Monats, ihres Tages, ihrer Nachtwache, ihrer Windrichtung, ihres Verlaufes und ihres Gestirnes sollst du angeben."

Mit anderen Worten: es handelt sich um eine Anweisung für den Astronomen, die Finsternis örtlich und zeitlich ganz genau zu fixieren und die dazu gehörigen Omina aus dem Omenwerke herauszusuchen. Damit ist also für das siebente Jahrhundert eine streng wissenschaftliche Beobachtung der Finsternisse nachgewiesen. Nun stammt unser Text aus Ašurbanipals Bibliothek, dürfte also zweifellos nur eine späte Abschrift eines erheblich älteren Originals sein. Jedenfalls dürfte man diese Regel mindestens schon im zweiten vorchristlichen Jahrtausend beachtet haben. Damit ergibt sich aber des weiteren, wie bereits oben (s. S. 16), daß man spätestens um —1000 Finsternisperioden, vor allem also den Saros, in Babylonien gekannt hat.

Und noch eine andere, sehr wichtige Erkenntnis vermittelt uns dieser Text. KUGLER hat SSB II, 1, S. 10f. und Ergänzungsheft, S. 130 erklärt: „Unter ‚wissenschaftlicher Sternkunde‘ verstehen wir aber jene, die sich mit der räumlichen und zeitlichen Festlegung der Himmelserscheinungen befaßt, um dadurch zur Erkenntnis der stellaren Gesetzmäßigkeiten zu gelangen". Den Betrieb einer solchen Sternkunde in Babylonien hat KUGLER noch für das achte und siebente vorchristliche Jahrhundert bestritten. Der obige Text aber beweist zunächst die Unrichtigkeit dieser Verneinung für das siebente Jahrhundert und erfüllt die obige Forderung in allen Punkten. Und da weiter niemand daran zweifeln wird, daß hier nur eine Abschrift eines erheblich älteren Textes vorliegt, so wäre die obige Forderung damit auch für das ältere Babylonien erfüllt.

8. Der in CT XXXIII veröffentlichte Text Br. M. 86378 ist eins der wertvollsten Dokumente antiker Astronomie. Er handelt ausschließlich von dem babylonischen Fixsternhimmel, über den er zahlreiche außerordentlich wichtige Aufschlüsse gewährt[1]. Die in CT veröffentlichte Abschrift stammt etwa aus dem dritten vorchristlichen Jahrhundert (s. THUREAU-DANGIN, *Revue d'Assyriol.* X, p. 225). In OLZ 1913, Sp. 149 habe ich darauf hingewiesen, daß ein Duplikat dazu aus Ašurbanipals Bibliothek in VACh, 2. Suppl. LXVII vorliegt. Ein zweites Duplikat, ebenfalls aus Ašurbanipals Bibliothek, wies BEZOLD, *Zenit- und Äquatorialgestirne*, S. 40 nach. Inzwischen ist das Glück mir günstig gewesen und hat mir gleich drei weitere Duplikate beschert, von denen eins etwa aus der Zeit Tiglatpilesers I. (etwa —1100) stammt. Damit haben wir also bereits ein Exemplar, das ca. 800 Jahre älter ist als die zuerst veröffentlichte Abschrift. Daß die Originalabfassung selbstverständlich in noch viel frühere Zeit zu setzen ist, dürfte von vornherein klar sein. Und damit noch nicht genug, ist es mir gelungen, die zweite Tafel der Serie $\Upsilon^{kakkab}\,APIN$, von der der obige Text die erste Tafel bildet, aufzufinden, die ihrem Inhalte nach wohl noch wichtiger ist als die erste Tafel. Ich hoffe, die neuen Dokumente noch in diesem Jahre den Fachgenossen in Bearbeitung vorlegen zu können.

Die ersten 17 Zeilen der ersten Kolumne von Br. M. 86378 sind leider sehr verstümmelt. Glücklicherweise lassen sie sich durch zwei der neuen Duplikate vollständig ergänzen. Der Text lautet dann:

1. —^{2} *kakkab APIN* ^{il}*En-lil a-lik pa-ni* ^{3} *kakkabâni*^{pl} *šú-ut* ^{il}*En-lil*
2. — *kakkab UR-BAR-RA* ^{giš}*ittû* ^{4} *ša* ^{kakkab} *APIN*

---

[1] Zur Bearbeitung des Textes s. KUGLER, SSB, *Ergänzungsheft,* S. 1 ff. — BEZOLD, *Zenit- und Äquatorialgestirne am babylonischen Fix-sternhimmel* (Sitzungsber. Heidelberger Akad. Wiss. 1913, 11). — WEIDNER, OLZ 1913, Sp. 149 ff. und *Handbuch* I, S. 35 ff.   [2] Der senkrechte Keil am Anfange der Zeilen fehlt in einem Duplikate durchgängig.
[3] Var.: *pân.*   [4] So zu lesen nach einem Vokabular: *GIŠ-NINDA-APIN = it-tu-u ša e-pi-in-ni* (vgl. BRÜNNOW 4658).

3. — *kakkab ŠÚ-GI* [il]*En-me-šár-ra*
4. — *kakkab GAM* [il][1]*Gam-lum*[2]
5. — *kakkab MAŠ-TAB-BA-GAL-GAL* [il]*LUGAL-GÍR-RA u*[3] [il]*MES-LAM-TA-È-A*
6. — *kakkab MAŠ-TAB-BA-TUR-TUR* [il]*LÁL*[4] *u*[3] [il]*NIN-SA(gù)R*[5]
7. — *kakkab AL-LUL šú-bat* [il]*A-nim*
8. — *kakkab UR-GU-LA* [il]*La-ta-ra-ak*[6]
9. — *kakkabu ša ina irat* [kakkab]*UR-GU-LA izzazu*[zu] [kakkab]*Šarru*
10. — *kakkabâni*[pl][7] *um-mu-lu-tum ša ina zibbat* [kakkab]*UR-GU-LA :*[8]
11.   *sis-sin-nu*[9] [il]*Eru*[10] [il]*Ṣar-pa-ni-tum*
12. — *kakkab ŠÚ-PA* [il]*En-lil*[11] *ša ši-mat mâti i-šim-mu*
13. — *kakkabu ša pâni-šu izzazu*[zu] [kakkab]*Ḫê-gàl-a-a*[12] *sukkal* [il]*Nin-lil*
14. — *kakkabu ša arki-šu izzazu*[zu] [kakkab]*BAL-UR-A sukkal* [il]*SUḪ*
15. — *kakkab MAR-GÍD-DA* [il]*Nin-lil*
16. — *kakkabu ša itti z(ṣ)a-ri-i ša* [kakkab]*MAR-GÍD-DA izzazu*[zu]
17.   *kakkab KÁ-A* [il]*Ira*[ra] *gaš-ri ilâni*[pl]
Weiteres dazu in meinem *Handbuche* I, Kap. III.

Ich sagte bereits oben, daß ein Duplikat zu unserem Texte
aus dem Ende des zweiten Jahrtausends vorliege und daß die
Originalabfassung naturgemäß noch viel älter sei. Es ist nun
erfreulicherweise möglich, diese zeitlich ziemlich genau festzulegen. Der Text macht nämlich folgende Angaben:

Nisannu 15 3 ma-na EN-NUN ûmi 3 ma-na EN-NUN mûši[13]
Du'ûzu 15 4 ma-na EN-NUN ûmi 2 ma-na EN-NUN mûši
Tešrîtu 15 3 ma-na EN-NUN ûmi 3 ma-na EN-NUN mûši
Ṭebêtu 15 2 ma-na EN-NUN ûmi 4 ma-na EN-NUN mûši

Daß damit die vier Jahrespunkte gemeint sind, kann keinem
Zweifel unterliegen (vgl. den eingehenden Beweis in Kap. IV).
Das Frühlingsäquinoktium ist also auf den 15. Nisan, das
Sommersolstitium auf den 15. Tammuz, das Herbstäquinoktium
auf den 15. Tešrit und das Wintersolstitium auf den 15. Tebet
angesetzt. Nun heißt es in Kol. II, 38 unseres Textes, daß der
[kakkab]*Zappu* (die Plejaden) am 1. Airu heliakisch aufgehe. Es

---

[1]) Fehlt in beiden Duplikaten.   [2]) Var.: *ga-am-lum*.   [3]) Fehlt in
einem Duplikat.   [4]) Var.: [il]*NANNA-LÁL* (vgl. V R 46, 6b).
[5]) Var.: [il]*NIN-MAḪ*.   [6]) Var.: [il]*La-ta-rak*.   [7]) Var.: *kakkabu*.
[8]) Var.: *izzazû*[pl] und *izzazu*[zu].   [9]) In einem Duplikate mit Glosse:
si-si-nu.   [10]) Geschrieben: *A-EDIN*. In einem Duplikate mit Glosse:
e-ru.   [11]) Var.: [il]*BAT*.   [12]) Var.: *Ḫê-gàl-a-a-ú*!   [13]) Diese
Angabe über den 15. Nisan enthält der Text nicht. Sie ist aber nach
Analogie zu ergänzen, außerdem steht sie ausdrücklich in Tafel II
(s. Kap. IV).

ist also jetzt einfach zu berechnen, wann die Plejaden etwa
15 Tage nach dem Äquinoktium heliakisch aufgingen. Das
war um —3000, wie die folgenden Rechnungsbelege zeigen.
Nach SCHRAM, *Chronologische Tafeln* berechnet, fiel das Frühlingsäquinoktium im Jahre —3000 auf das Datum April 15, 7739.
Über den heliakischen Aufgang von η Tauri (Hauptstern in
den Plejaden) im Jahre —3000 in Babylon orientiert die folgende
Rechnung[1]:

$$\begin{array}{ccccccc} & \text{M} & \alpha & \delta & \odot & \text{d seit Äquin.} & \text{jul. Datum} \\ \eta \text{ Tauri} & 3,1 & 350^0,22 & -0^0,41 & 14^0,88 & 15,66 & \text{Mai } 1,4296 \end{array}$$

Die Differenz zwischen den beiden Daten beträgt 15,65 Tage.
Damit ist also der einwandfreie Beweis er-
bracht, daß das Original unseres Textes um
—3000 abgefaßt ist. In den fast 2000 Jahren, die zwischen
dieser Originalaufzeichnung und der ersten uns überlieferten
Abschrift verflossen sind, hat man den Text natürlich Hunderte
von Malen abgeschrieben. Dabei hat man dann auch gemerkt,
daß die Daten nicht mehr recht stimmten und hat korrigiert.
Leider nicht alles und leider oft nicht richtig. So kommt es,
daß wir im zweiten Teile des Textes (von Kol. II, 36 ab) eine
ganze Reihe von Versehen und Fehlern finden, auf die ich im
dritten Kapitel noch näher zu sprechen kommen werde.

Das eben festgestellte hohe Alter des Textes lehrt uns
nun, daß man bereits zu der Zeit, da die ersten Urkunden in
Babylonien einsetzen, eine höchst eingehende und genaue Kenntnis
vom Fixsternhimmel besaß. Die Sterne waren längst zu Bildern
vereinigt, und diese hatten die Namen erhalten, die wir aus
den späteren Texten kennen. Die heliakischen Aufgänge der
Fixsterne wurden beobachtet, die zeitlichen Differenzen zwischen
zweien von ihnen notiert[2], kurzum keine Erscheinung am Fixsternhimmel entging bereits um —3000 den scharfen Augen
der babylonischen Astronomen. Damit wäre ein neuer Beweis

---

[1] Berechnet nach einer neuen, gegen WISLICENUS sehr stark ge-
kürzten Methode NEUGEBAUERS, die dieser im dritten Teile seiner *Hilfs-
tafeln* veröffentlichen wird und die für historische Zwecke ein mehr als
völlig hinreichend genaues Resultat liefert.   [2] Dabei sind alle Werte
auf 5 bzw. 10 abgerundet unter dem Einflusse der *ḫamuštu*, der „Fünferwoche". Ich habe (*Handbuch* I, S. 44) vorgeschlagen, z. B. Kol. II, 34
zu fassen: „in der elften Fünferwoche nach dem heliakischen Aufgange
des Sirius geht der *kakkab* *NUN*ki heliakisch auf".

für das hohe Alter der wissenschaftlichen Sternkunde in Babylonien geliefert.

9. An letzter Stelle ist nun noch der Text VAT 4956[1] kurz zu besprechen, der zur spätbabylonischen Periode hinüberleitet. Es handelt sich um den ältesten astronomischen Beobachtungstext[2], welcher in der in der Spätzeit üblichen ausführlichen Form abgefaßt ist. Er stammt aus dem 37. Jahre Nebukadnezars II., also aus dem Jahre —567/66. Da NEUGEBAUER und ich den Text demnächst in ausführlicher Bearbeitung vorzulegen gedenken, kann ich mich hier kurz fassen. Die Tafel enthält in der Hauptsache Mond- und Planetenbeobachtungen. Die Genauigkeit derselben steht hinter der in den spätesten Texten beobachteten in keiner Weise zurück, wie man nach Vorlegung des ganzen Textes leicht wird ersehen können. Ferner sind eine große Anzahl meteorologischer Beobachtungen notiert (Halos, Regenbogen usw.), Wasserstand und Lebensmittelpreise angegeben und am Schlusse der einzelnen Abschnitte wiederholt einige interessante Kuriosa mitgeteilt. Besonders wichtig ist aber Vs. 17, wo es heißt: (*Simânu*) *15 AN-MI Sin ša LU* „am 15. Sivan berechnete Mondfinsternis, welche ausfällt.“ Es handelt sich um die Mondfinsternis —567 Juli 4, welche in Babylon in der Tat nicht sichtbar war. Daraus ergibt sich also, daß man zur Zeit Nebukadnezars zweifellos eine Finsternisperiode, also wahrscheinlich den Saros, gekannt hat. Daß man dieselbe gerade im 37. Jahre Nebukadnezars gefunden habe, ist selbstverständlich äußerst unglaubhaft; eine solche Annahme wäre auch leicht durch den unter Nr. 5 behandelten Text zu widerlegen. Jedenfalls aber widerspricht auch unser Text der oben S. 16 zitierten Behauptung KUGLERS. Die Kenntnis der Finsternisperiode zur Zeit Nebukadnezars beweist andererseits auch, daß Jahrhunderte systematischer wissenschaftlicher Himmelsbeobachtungen voraufgegangen sind, die zu dieser Kenntnis geführt haben. So kann auch unser Text als Zeuge für das hohe Alter der babylonischen Astronomie dienen.

---

[1] Vgl. bereits *Babyloniaca* VI, p. 129 ff.   [2] KUGLER (SSB, *Ergänzungsh.*, S. 129) behauptet, ich hielte den Text für eine Vorausberechnung. Das ist selbstverständlich keineswegs der Fall gewesen, als ich den Text eine Ephemeride nannte. Ich pflegte früher den Ausdruck „Ephemeride“ als Gesamtbezeichnung für alle Texte dieser Gattung (Vorausberechnungen und Beobachtungen) zu verwenden, gebe aber zu, daß das ungewöhnlich ist und zu Mißverständnissen führen konnte.

Damit sei die Reihe der Zeugnisse beschlossen. Das äußerst wichtige, hier zum ersten Male behandelte neue Material und die umfassendere und richtigere Ausnutzung des bereits bekannten wird jeden Unvoreingenommenen von der Richtigkeit der für alle Zukunft feststehenden These überzeugt haben: Die Babylonier haben bereits in sehr alter Zeit systematische Himmelsbeobachtungen unternommen und auf Grund des so gewonnenen Materials die daraus sich ergebenden wissenschaftlichen Folgerungen gezogen. Das Vorhandensein einer wissenschaftlichen Sternkunde bereits im alten Babylonien steht deshalb fest.

Zweites Kapitel

Die Kenntnis der Präzession bei den Babyloniern.

Um die Frage: „Kannten die Babylonier die Präzession?"
beantworten zu können, ist bei der Art des uns überlieferten
Materials nur ein Weg möglich: nämlich zu untersuchen, ob sich
in ihren astronomischen Texten eine regelmäßige Verschiebung
der Jahrespunkte entsprechend der Präzession feststellen läßt.
Natürlich wird es dabei von Wichtigkeit sein, Texte aus einer
möglichst langen Zeit heranziehen zu können. Um auch dem
Laien in astronomischen Dingen verständlich zu sein, sei dieses
Postulat noch etwas näher gekennzeichnet. Wir nehmen an,
es fände sich in einem Texte etwa aus dem Jahre —600 angegeben, daß an dem und dem Tage das Herbstäquinoktium
gewesen sei. Die Rechnung ergibt, daß die Sonne damals in
der Tat bei 180° stand, die Angabe also korrekt ist. In einem
Texte, der 100 Jahre jünger ist, ist dann wieder eine Mitteilung
über das Herbstäquinoktium gemacht. Ergibt die Rechnung,
daß die Sonne wieder genau bei 180° stand, so muß die
Präzession berücksichtigt sein. Stand die Sonne laut Rechnung
dagegen etwa bei 181°, so muß zum mindesten eine Nicht-
berücksichtigung der Präzession angenommen werden. Besitzen
wir dann eine Angabe etwa aus dem Jahre —100, wobei die
Rechnung wieder ergibt, daß die Sonne bei 180° stand, so
kann an der Kenntnis der Präzession auch nicht der geringste
Zweifel mehr sein. Zeigt sich indessen, daß die Sonne damals
etwa bei 187° stand, so muß angenommen werden, daß die
Präzession unbekannt war. Glücklicherweise erstreckt sich nun
das mir zur Verfügung stehende Material über nicht weniger
als fast 1500 Jahre. Da sich unten ergeben wird, daß die
babylonischen Astronomen nur den Jahrespunkt astronomisch
genau festgestellt haben, auf den der Anfang des neuen Jahres
fiel, von diesem aus aber immer 91 oder 92 Tage als Dauer

der einzelnen Jahreszeiten weitergezählt haben, um zu den weiteren Jahrespunkten zu kommen, so wäre zunächst festzustellen, wann von einer möglichst zurückliegenden Zeit an bis in die späten Zeiten der Jahresanfang angenommen wurde. Und da läßt sich nun zeigen, daß von der Zeit der Dynastie von Ur ab, also etwa seit —2400, bis in die spätesten Zeiten ein doppelter Jahresanfang in Babylonien im Gebrauch gewesen ist. Der eine fiel in die Zeit des Frühlingsäquinoktiums, der andere in die des Herbstäquinoktiums.

Niemand dürfte wohl daran zweifeln, daß zur Zeit des Frühlingsäquinoktiums ein Jahresanfang war. Die Beweise dafür sind so mannigfaltig und oft behandelt worden, daß ich es mir schenken kann, hier noch einmal darauf einzugehen (vgl. unten Kap. IV). Anders ist es dagegen mit dem Jahresanfang zur Zeit des Herbstäquinoktiums. Daß dieser bei den Hebräern der hauptsächliche war[1] und es bei den Juden ja noch heute ist, weiß jeder. Da nun die Hebräer ihren Kalender zur Zeit der babylonischen Gefangenschaft von den Babyloniern übernommen haben, so ist es meines Erachtens schon a priori nicht unwahrscheinlich, daß auch ihr Jahresanfang von dort stammt. Es ist nun freilich schon von verschiedenen Seiten vermutet worden, daß es bei den Babyloniern einen Herbstanfang gegeben habe, doch ließ sich weder etwas Striktes darüber nachweisen, noch ist jemals eine Zusammenstellung des gesamten Materials unternommen worden. Indessen läßt sich der fragliche Beweis liefern, wie im folgenden gezeigt werden soll.

Das aus den Tafeln von Drehem bekannte Monatssystem, das der Zeit der Dynastie von Ur angehört, weist als siebenten Monat einen $^{itu}Ak\hat{\imath}tu$ auf. Nun ist es bereits seit zwanzig Jahren und länger bekannt, daß *akitu* im Babylonischen „Neujahrsfest" bedeutet[2]. Da nun der $^{itu}Ak\hat{\imath}tu$ nach VR 43, 33a dem späteren Tešrit entspricht, also zur Zeit des Herbstäquinoktiums beginnt, so kann gar kein Zweifel sein, daß schon zur Zeit der Dynastie von Ur ein Jahresanfang auf das Herbstäquinoktium fiel (vgl. unten Kap. IV, S. 62 ff.).

---

[1]) Daß die Hebräer auch den Jahresanfang mit Frühlingsäquinoktium kannten, zeigt A. JEREMIAS, HAOG, S. 168.   [2]) Vgl. DELITZSCH, HW S. 123 und MDOG 33, S. 34 ff.; STRECK, OLZ 1905, 9, Sp. 375—81. Die Grundbedeutung von *akitu* ist doch wohl „Anfang", wie die von *tešritu* (s. mein *Handbuch* I, S. 90).

Während man in der Zeit der Urdynastie nur einen Schaltmonat, den *ituDir-Šekinkud*, kannte[1], tauchen seit der Zeit der
ersten Dynastie von Babylon (2233—1933) deren zwei auf,
nämlich ein zweiter *ituŠekinkud* (= *Adaru*) und ein zweiter
ituKin-dInanna (= *Ulûlu*). Da auf den *ituŠekinkud* ein Jahresanfang folgt, wird auf den *Ulûlu* ebenfalls ein Jahresanfang
gefolgt sein. Der nächste Monat ist der Tešrit, der mit dem
Herbstäquinoktium begann. Daraus ergibt sich also, daß auch
zur Zeit der Ḫammurapidynastie das Herbstäquinoktium einen
Jahresanfang bedeutete.

Für die nächsten tausend Jahre mangelt dann das Material
vollständig. Erst mit Ašurbanipal stellt es sich wieder ein.
Diesmal wird der Herbstjahresanfang ganz ausdrücklich bezeugt.
ThR 16 lautet:

> V. 1. — *Sin ûmu I* kam *innamir pû ikân*
> 2. *libbi mâti iṭâb*
> 3. — *ûmu ana minâti*pl*-šu êrik*
> 4. *palû ûmê*pl *arkûti*pl
> 5. arab*Adaru* arab*Ulûlu rêš šatti*
> 6. *ki-i ša* arab*Nisannu* arab*Tešritu*
> R. 1. *ina rêš šatti*
> 2. il*Sin itti damiktim*tim
> 3. *ša arâk ûmê*pl *palî*
> 4. *a-na šarri be-li-ja*
> 5. *i-sa-ap-ra*
> 6. *ša* m il*Ašur-šar-a-[ni]*

„Wird der Mond am 1. Tage sichtbar, so wird der Mund
wahrhaftig, das Herz des Landes froh sein. Ist der Tag seiner
Dauer nach lang, eine Herrschaft von langer Dauer. In die
Monate Adar und Elul kann ebensogut *rêš šatti*[2] fallen wie in
die Monate Nisan und Tešrit. Bei *rêš šatti* sendet der Mond-
gott ein günstiges Zeichen für eine lange Dauer der Regierung
meinem Herrn Könige. Von *Ašuršarâni.*"

Der Text dürfte aus dem Adar oder Elul stammen. In
diese beiden Monate kann, so sagt der Schreiber, der *rêš šatti*
ebensogut fallen wie in die Monate Nisan und Tešrit. Das ist
astronomisch ganz richtig (vgl. dazu unten S. 70). Omina, die
sich auf diese beiden Monate beziehen, beziehen sich also auch
auf den Jahresanfang, wie auf der Rückseite unseres Textes
näher ausgeführt wird. Uns interessiert hier nur die aus-

---

[1]) Vom *ituDir-Ezen-Me-ki-gál* abgesehen (s. unten S. 80f.).　　[2]) Zur
Bedeutung von *rêš šatti* s. unten Kap. IV S. 70f.

drückliche Angabe, daß in die Monate Elul und Tešrit, d. h. also in die Zeit des Herbstäquinoktiums, ebenfalls ein Jahresanfang fiel.

Was Babylonien betrifft, so verweise ich für die gleiche und folgende Zeit bis zum Ausgange des babylonischen Reiches[1] auf meine Ausführungen in OLZ 1913, Sp. 23ff. Für die spätere Zeit kann ich dann auf die seleukidische und arsakidische Ära aufmerksam machen, die beide im Herbste ihren Anfang genommen haben, deren einzelne Jahre also auch immer mit dem Herbstäquinoktium begannen.

Für die ganze Zeit aber von der Hammurapidynastie an bis auf die späteste Periode verweise ich auf den Namen des siebenten Monats, in den oder in dessen Nähe das Herbstäquinoktium fiel, nämlich *Tešritu*, was „Anfang" bedeutet (von *šerû* „anfangen", s. MUSS-ARNOLT, HWB, S. 1109). Also auch im Monatsnamen selbst liegt ein klarer Hinweis auf den zweiten Jahresanfang im Herbst.

Wir haben somit also aus der Zeit um 2400, ferner um 2100, um 700 und aus der Spätzeit die Nachricht, daß man in Babylonien auch einen Jahresanfang zur Zeit des Herbstäquinoktiums gekannt habe. Der Wahrscheinlichkeitsschluß daraus ist, daß in Babylonien seit jener alten Zeit bis in die Spätzeit ein Jahresanfang im Herbst gang und gäbe war.

Die nächste zu beantwortende Frage wäre nun: was für ein Unterschied war zwischen beiden Jahresanfängen? Meines Erachtens folgender: der offizielle politische Jahresanfang war im Nisan (Frühlingsäquinoktium), der kulturelle, religiöse im Tešrit (Herbstäquinoktium)[2]. Da nun die astronomischen Urkunden nicht einem rein wissenschaftlichen Interesse ihr Dasein verdanken, sondern letztlich im Dienste des wilden Seitentriebes der Religion stehen, den man Astrologie nennt, so ist daraus der Schluß zu ziehen, daß auch für die astronomischen Beobachtungen das Herbstäquinoktium als Anfangsdatum galt.

Nachdem dies festgestellt ist, gebe ich nun zunächst eine Zusammenstellung der Angaben, die sich in den astronomischen Texten über die Jahrespunkte finden. Sie sind chronologisch angeordnet, das Jahr ist immer vorangestellt.

---

[1]) Aus dieser Zeit stammen die Quellen. Die Tatsachen, die aus ihnen zu entnehmen sind, gelten aber zweifelsohne auch für die voraufgehenden Jahrhunderte.　　[2]) Damit wird nun auch klar, weshalb die Hebräer, bei denen die Religion ja im Vordergrunde des Lebens stand, gerade den Herbstanfang gewählt haben.

1. Der hochwichtige astronomische Beobachtungstext CBS 11901 aus Nippur, der der Kassitenzeit (etwa — 1500) entstammt und den ich oben S. 9ff. veröffentlicht habe, enthält zwei Angaben über Jahrespunkte:

V., Kol. II, 2:

(*Du'ûzu*)   *1 Šamaš izzaz*

1. Tammuz = etwa Juli 7. Berechnen wir nun nach NEUGEBAUER, *Abgekürzte Sonnentafeln* die Sonnenlänge für Babylon, so erhalten wir[1]: $\odot = 90°,47$. Die Angabe stimmt also fast genau.

R., Kol. II, 2:

(*Tešrîtu*)   *3 šukalul šatti*

3. Tešrit = etwa Oktober 15. Die Sonnenlänge betrug: $\odot = 179°,26$. Auch hier ist das Datum nahezu richtig getroffen.

2. — 567. In dem Texte VAT 4956, über den ich oben S. 27 berichtet habe, finden sich in den Z. 16 und 17 der Vorderseite folgende beiden Angaben:

9 MAN DU (= *Šamaš izzaz*)   *15 ...... AN-MI Sin ša LU*

Es handelt sich um den Monat Sivan. Die in Z. 17 genannte Finsternis, die nur berechnet und in Babylon unsichtbar war, ist die Mondfinsternis — 567 Juli 4. Wir erhalten so für den 1. Sivan das Datum Juni 20, für den 9. also Juni 28. Berechnen wir nun nach NEUGEBAUER die Sonnenlänge für Babylon, so erhalten wir: $\odot = 88°,77$.

Die Sonne hatte das Sommersolstitium also noch nicht ganz erreicht. Weitere Angaben über die Jahrespunkte enthält der Text, der ja nur fragmentarisch erhalten ist, nicht.

3. — 272. In dem Texte 82, 7—4, 137 (ZA VI, S. 235 und VII, S. 231) lesen wir in Z. 27:

(*Adaru*)   *in 27 šukalul šatti*

Nach EPPING (ZA VII, S. 226) ist der 1. Adaru gleich dem 2. März — 272, also entspricht der 27. Adaru dem 28. März des gleichen Jahres. Eine Berechnung der Sonnenlänge für dieses Datum findet sich bei EPPING nicht; er bemerkt nur ZA VII, S. 231, Anm. 1: „In Wirklichkeit war die Sonne schon ein paar Tage aus dem Frühlingspunkt." Nach NEUGEBAUER berechnet, betrug die Sonnenlänge für — 272 März 28: $\odot = 3°,37$.

---

[1] Herr Dr. NEUGEBAUER hat in gewohnter Liebenswürdigkeit die Gegenrechnungen ausgeführt.

Der Zeitraum zwischen der ersten und zweiten und der zweiten und dritten Angabe wird manchem vielleicht etwas groß erscheinen. Das kann aber für unsere Zwecke nur von Nutzen sein, da man, je größer der Zeitraum, desto besser erkennen kann, ob von einer Regulierung der Jahrespunkte gesprochen werden darf.

4. — 232. In Rm IV, 397 finden wir in Z. 35f. (ZA VI, S. 238f. und VII, S. 245):

(Kislimu)   27 Šamaš izzaz

Der 27. Kislev entspricht dem 27. Dezember —232. An diesem Tage betrug die Sonnenlänge $\odot = 272^0{,}89$. Das Wintersolstitium lag also bereits mehrere Tage zurück.

5. — 191. Der Text SH 214 (81-6-25) liefert V. 10 die Angabe (KUGLER, SSB I, S. 90f. und Tafel VII):

(Simânu)   24 Šamaš izzaz

Die Länge der Sonne betrug an diesem Tage (— 191 Juni 27): $\odot = 90^0{,}77$. Das Datum des Sommersolstitiums ist also nahezu richtig getroffen.

6. — 182. Der Text Rm IV, 435 (KUGLER, SSB I, S. 92f. und Tafel VII) liefert uns für dieses Jahr die babylonische Ansetzung des Äquinoktiums und des Sommersolstitiums. In V. 1 lesen wir:

(Nisannu)   1 šukalul šatti

Der 1. Nisan ist gleich — 182 März 27. An diesem Tage betrug die Sonnenlänge $\odot = 2^0{,}61$, d. h. die Sonne war bereits mehrere Tage aus dem Frühlingspunkte getreten.

In Z. 7 der Vorderseite lesen wir:

(Du'ûzu)   3 Šamaš izzaz

3. Tammuz $= — 182$ Juni 26. Die Sonnenlänge war an diesem Tage $\odot = 89^0{,}64$, d. h. das Datum des Sommersolstitiums ist fast richtig getroffen.

7. — 181. Der gleiche Text (s. Nr. 6) liefert auch noch das Äquinoktium für das nächstfolgende Jahr. R. 4 heißt es:

(Adaru arkû)   12 šukalul šatti

12. Adar II $= — 181$ März 27. $\odot = 2^0{,}37$. Die Sonne hatte also bereits mehrere Tage den Frühlingspunkt verlassen.

8. — 141. STRASSMAIER, Arsaciden-Inschriften Nr. 11 (ZA III, S. 150; EPPING, ZA IV, S. 169).

Frühlingsäquinoktium:

(*Nisannu*)   *4 šukalul šatti*

Welchem julianischen Datum der 4. Nisan entspricht, ist nicht mit Sicherheit auszumachen. Nach EPPING ist er wahrscheinlich gleich dem 27. oder 28. März — 141. Für den 27. März ist $\odot = 2^0,67$.

9. — 133. Der Text Sp. I, 147 (KUGLER, SSB I, S. 96 ff. und Tafel VIII) liefert uns die babylonische Ansetzung der beiden Solstitien und des Herbstäquinoktiums für dieses Jahr.

Sommersolstitium:

(*Du'ûzu*)   *5 Šamaš izzaz*

5. Tammuz $= - 133$ Juni 26. $\odot = 89^0,76$. Das Datum stimmt also so gut wie genau.

Herbstäquinoktium:

(*Tešrîtu*)   *8 šukalul šatti*

8. Tešrit $= - 133$ September 26. $\odot = 179^0,33$. Die Angabe stimmt also genau.

Wintersolstitium:

(*Tebîtu*)   *12 Šamaš izzaz*

12. Tebet $= - 133$ Dezember 27. $\odot = 272^0, 85$. Das Solstitium lag bereits ein paar Tage zurück.

10. — 132. Der gleiche Text (s. Nr. 8) gibt auch noch das Datum für das Frühlingsäquinoktium des folgenden Jahres an.

(*Adaru arkû*)   *15 šukalul šatti*

15. Adar II $= - 132$ März 28. $\odot = 4^0, 44$. Die Sonne hatte also schon eine ganze Anzahl von Tagen den Frühlingspunkt verlassen.

11. — 122. Text Sp. 129 (EPPING, *Astronomisches aus Babylon*).

Sommersolstitium:

(*Du'ûzu*)   *7 Šamaš izzaz*

7. Tammuz $= - 122$ Juni 27. $\odot = 91^0, 08$. Das Solstitium lag also schon einige Zeit, wenn auch nicht lange, zurück.

Herbstäquinoktium:

(*Ulûlu II*)   *10 šukalul šatti*

10. Elul II $= - 122$ September 26. $\odot = 179^0, 76$. Die Angabe stimmt also genau.

Wintersolstitium:

(*Kislîmu*)   *13 Šamaš izzaz*

13. Kislev = — 122 Dezember 27. $\odot$ = 273°,18. Das Solstitium lag also bereits mehrere Tage zurück.

12. — 121. Der gleiche Text enthält auch noch die Angabe des Frühlingsäquinoktiums für das folgende Jahr.

(*Adaru*)   *16 šukalul šatti*

16. Adar = — 121 März 29. $\odot$ = 4°,77. Die Sonne hatte demnach schon fast fünf Tage den Frühlingspunkt verlassen.

13. — 117. Sp. II, 250 + 353 (KUGLER, SSB I, S. 100ff. und Tafel VI).

Frühlingsäquinoktium:

(*Nisannu*)   *1 šukalul šatti*

1. Nisan = — 117 März 29. $\odot$ = 4°,80. Die Genauigkeit der Angabe läßt wieder sehr viel zu wünschen übrig.

14. — 110. Sp. 128 (EPPING, *Astronomisches aus Babylon*).

Sommersolstitium:

(*Simânu*)   *19 Šamaš izzaz*

19. Sivan = — 110 Juni 26. $\odot$ = 90°,21. Die Angabe stimmt vorzüglich.

Herbstäquinoktium:

(*Ulûlu*)   *22 šukalul šatti*

22. Elul = — 110 September 26. $\odot$ = 179°,85. Die Genauigkeit läßt wieder nicht das geringste zu wünschen übrig.

Wintersolstitium:

(*Kislîmu*)   *25 Šamaš izzaz*

25. Kislev = — 110 Dezember 27. $\odot$ = 273,26. Das Solstitium lag also schon mehrere Tage zurück.

15. — 109. Der gleiche Text (s. oben Nr. 14).

Frühlingsäquinoktium:

(*Adaru*)   *28 šukalul šatti*

28. Adar = — 109 März 28. $\odot$ = 3°,89. Wieder sehr ungenau!

16. — 10. Rm IV, 356 (KUGLER, SSB I, S. 104ff. und Tafel X).

Sommersolstitium:

(*Simânu*)   *14 Šamaš izzaz*

14. Sivan = — 10 Juni 25. $\odot$ = 90°,05. Stimmt vorzüglich, wie man es für so späte Zeit ja auch nicht anders erwarten kann.

Herbstäquinoktium:

(*Ulûlu*)   *17 šukalul šatti*

17. Elul $= -10$ September 25. $\odot = 179°, 61$. Die Genauigkeit läßt nichts zu wünschen übrig.

Damit ist das Material erschöpft. Wie man leicht ersehen kann, genügt es vollauf, um die Frage nach der Kenntnis der Präzession bei den Babyloniern zu entscheiden. Erstreckt es sich doch über fast 1500 Jahre. Was sofort auffällt, ist, daß die Angaben über das Herbstäquinoktium in sämtlichen Texten durchweg von peinlichster Genauigkeit sind (s. Nr. 1, 9, 11, 14, 16). Das stimmt zu unserem obigen Ergebnisse, daß der Jahresanfang für die Astronomen das Herbstäquinoktium war. An diesem Termine wurde zeitweilig der Herbstpunkt entsprechend der Präzession-reguliert. Da müßte man doch eigentlich auch erwarten, daß die anderen Jahrespunkte richtig astronomisch reguliert wurden. Das ist aber nicht der Fall. Allerhöchstens das Sommersolstitium erfüllt noch diese Forderung. Die Lösung des Rätsels ist folgende: Der babylonische Astronom hat nur das Herbstäquinoktium astronomisch bestimmt und zu diesem Datum immer bestimmte Zeitintervalle, 90, 91 oder 92 Tage, die die einzelnen Jahreszeiten repräsentieren sollten, zugezählt, um so die Daten der anderen Jahrespunkte zu erhalten. Daß das in der Tat der Fall ist, zeigt die folgende Tabelle.

Nr.	FÄ—SS[1]	SS—HÄ	HÄ—WS	WS—FÄ
1	—	90	—	—
6	91	—	—	—
9/10	—	92	92	91
11/12	—	91	92	92
14/15	—	92	92	91
16	—	92	—	—

Wie man leicht aus der Tabelle ersehen kann, war der babylonische Astronom bestrebt, das Jahr in vier möglichst gleiche Teile zu teilen. Er konnte also in gemeinen Jahren zwei Jahreszeiten zu 92 Tagen, eine zu 91 und eine zu 90 Tagen annehmen, oder etwa eine zu 92 und drei zu 91,

---

[1] Hier und im folgenden: FÄ = Frühlingsäquinoktium, SS = Sommersolstitium, HÄ = Herbstäquinoktium, WS = Wintersolstitium.

oder wohl auch eine zu 93, zwei zu 91 und eine zu 90 usw.
Die Länge der einzelnen Jahreszeiten dürfte also zwischen 93
und 90 Tagen geschwankt haben. Das stimmt schlecht mit
der Wirklichkeit überein. Tatsächlich haben nämlich die
astronomischen Jahreszeiten durchschnittlich folgende Dauer:

$$\text{Frühling 93 Tage,} \qquad \text{Sommer 93 Tage,}$$
$$\text{Herbst 91 Tage,} \qquad \text{Winter 88 Tage.}$$

Die Werte sind den babylonischen Astronomen der Spätzeit
wohlbekannt gewesen, wie KUGLER, *Babylon. Mondrechnung,*
S. 83 ff. festgestellt hat. Daß sie diese Werte bei der Festlegung der Jahrespunkte nicht benutzt haben, kann kaum
Staunen erregen. Zunächst dürften die genauen Werte erst
in verhältnismäßig später Zeit bekannt geworden sein, während
die Regulierung der Jahrespunkte wohl schon seit der ältesten
Zeit im Gebrauche war, wo man die Jahreszeiten nur ungefähr
als Jahresviertel kannte. Der bekannte leidige Konservatismus
der Babylonier hat diese falschen Werte bis in späte Zeit bei
der Regulierung der Jahrespunkte beibehalten. Wie wir gesehen haben, wurde in der Spätzeit der Herbstpunkt gemäß
der Präzession reguliert. Zählte nun der Babylonier zu diesem
Datum statt der richtigen 179 Tage deren 183 oder 184 od. ä.
hinzu, so ist es klar, daß das Frühlingsäquinoktium um
3 bis 5 Tage zu spät fallen mußte. Das Sommersolstitium fällt
272 Tage nach dem Herbstäquinoktium. Wenn nun der
babylonische Astronom nach seinen Werten etwa 273 Tage
zuzählte, so ist es klar, daß er der Wirklichkeit ziemlich nahe
kommen mußte. Und das ist in der Tat der Fall, wie wir
oben gesehen haben. Nur Wintersolstitium und Frühlingspunkt
mußten erhebliche Abweichungen von der Wirklichkeit bringen,
was auch mit unsern obigen Ergebnissen vollständig übereinstimmt.

Es bleibt nun noch die Frage zu entscheiden, ob die Dauer
der einzelnen Jahreszeiten nach einem bestimmten Prinzipe festgelegt wurde. In der Tat läßt sich zeigen, daß dabei ein be-
stimmtes Schema im Gebrauche war. Nehmen wir z. B. den
oben S. 35 f. unter Nr. 11/12 behandelten Text Sp. 129. Nach
ihm fallen die Jahrespunkte auf die Daten: 7. IV., 10. VI^2.,
13. IX. und 16. XII. Der zeitliche Zwischenraum zwischen
zwei Daten beträgt immer gerade drei Monate drei Tage. Damit ist aber zugleich das Rätsel gelöst. In einem bestimmten Jahre
wurde das Datum des Herbstäquinoktiums streng astronomisch

bestimmt, und von diesem aus die folgenden Jahrespunkte durch
Zuzählung von drei Monaten drei Tagen gewonnen, bis eine
neue astronomische Festlegung stattfand. Sämtliche oben behandelten Texte, die mehrere Jahrespunkte erwähnen, bestätigen
diese Regel (s. Nr. 9, 14, 16)[1]; zu beachten ist dabei, daß
vom ersten eines bestimmten Monats immer auf den dritten
des nächsten in Betracht kommenden Monats weitergegangen
wird (s. Nr. 1, 6). Besonders interessant ist es, die Regel auf
ihre Richtigkeit hin an dem unter Nr. 6/7 behandelten Texte
Rm IV, 435 nachzuprüfen. In dem Texte sind die Daten für
das Sommersolstitium — 182 und das Frühlingsäquinoktium
— 181 angegeben, die Daten der beiden dazwischenliegenden
Jahrespunkte fehlen dagegen. Stimmt nun die Regel, so muß
das Frühlingsäquinoktium — 181 um neun Monate und neun
Tage später als das Sommersolstitium — 182 fallen. In der
Tat ist das erstere auf den 12. XII[2]., das letztere auf den
3. IV. angesetzt. Mit Leichtigkeit kann man dann die Daten
der beiden fehlenden Jahrespunkte feststellen: Herbstäquinoktium
6. VII., Wintersolstitium 9. X.

Für die letzten fünfzehnhundert Jahre vor Beginn unserer
Zeitrechnung wäre somit also zum mindesten wahrscheinlich
gemacht, daß die babylonischen Astronomen die Präzession
wohl kannten. Der durchschlagende Beweis liegt aber in
folgender Tatsache. Unter Nr. 1 ist oben S. 33 ein Text aus
der Zeit um —1500, unter Nr. 2 ebenda ein Text aus dem
Jahre —567 aufgeführt. Beide erwähnen das Sommersolstitium,
und zwar steht beide Male an dem angegebenen Datum die
Sonne nahe bei 90°. Die zeitliche Distanz beläuft sich auf
etwa 900 Jahre. Innerhalb dieser Zeit rückt der Frühlingspunkt
etwa 13° weiter. Hätte man nun in der Zeit um —1500 die
Sommersolstitium auf den Tag bestimmt, da die Sonnenlänge
etwa 90° betrug, aber dann die Präzession in der Folgezeit
überhaupt nicht berücksichtigt, so hätte im Jahre —567 für
das entsprechende Datum die Sonnenlänge etwa 103° betragen.
Wie wir aber sehen, ist auch für das Jahr —567 der Tag
für das Sommersolstitium angegeben, an dem die Sonnenlänge
nahezu 90° betrug.

---

[1] Nur in dem unter Nr. 9 behandelten Texte findet sich einmal
eine zeitliche Differenz von drei Monaten vier Tagen. Trotz dieser Aus-
nahme, die vorläufig unerklärt bleiben muß, kann die Richtigkeit der
Regel natürlich keinen Augenblick bezweifelt werden.

Der einzig mögliche, einfach zwingende Schluß hieraus kann dann nur sein: die Babylonier haben mindestens seit der Kaššûzeit die Präzession gekannt.

Was sich aber noch weiter ergibt, ist die Tatsache, daß den Meistern auch der genaue Betrag der Präzession bekannt war. Wäre dies nicht der Fall gewesen, so hätten wir in den Texten einen konstant sich vergrößernden Fehler feststellen müssen, sei es, daß der Präzessionsbetrag zu hoch oder zu niedrig gegriffen war.

Einen weiteren zwingenden Beweis für die Kenntnis der Präzession liefert der noch unveröffentlichte Text VAT 7851[1], der uns nur in einer Abschrift aus der Arsakidenzeit erhalten ist, dessen Original sicheren Kriterien zufolge aber auf das Stierzeitalter zurückgeht. Er nennt in zwölf nebeneinander stehenden Fächern die Tierkreisbilder, beginnend mit dem Stier[2]:

1. $\left\{ \begin{array}{l} \textit{kakkab } \textit{Zappu} \\ \textit{kakkab } \textit{GÙ-AN-NA} \end{array} \right\}$ Stier.

2. $\left\{ \begin{array}{l} \textit{kakkab } \textit{MAŠ-TAB-BA-GAL-GAL} \\ \textit{kakkab } \textit{ŠIB-ZI-AN-NA} \end{array} \right\}$ Zwillinge.

3.   *kakkab* *AL-LUL* Krebs.
4.   *kakkab* *UR-A* Löwe.
5.   *kakkab* *EŠ-ŠIN* Jungfrau.
6.   *kakkab* *Zibanîtu* Wage.
7.   *kakkab* *GIR-TAB* Skorpion.
8.   *kakkab* *PA-BIL-SAG* Schütze.
9.   *kakkab* *SUḪUR-MÁŠ* Steinbock.
10.   *kakkab* *Gu-la* Wassermann.
11.   *kakkab* *DIL-GAN* Fische (eig. Cetus).
12.   *kakkab amêl* *KU-MAL* Widder.

Dem ersten Tierkreisbild hat der Schreiber nun beigeschrieben: *rêšu* *GÙ*, d. h. „der Anfangspunkt liegt im Stier“. Mithin hat man in der späteren Zeit gewußt, daß der Frühlingspunkt früher einmal im Stier gelegen hat, also zweifelsohne die Präzession gekannt.

Endlich verweise ich noch auf die weiteren Gründe, die in meinem *Handbuche der babylonischen Astronomie* I, S. 49, 74,

---

[1]) Der Text wird in einem der nächsten VAS-Hefte von mir veröffentlicht werden. Vgl. auch mein *Handbuch* I, S. 121 ff.   [2]) Zum Teil ergänzt nach dem Paralleltext VAT 7847, zu dem in K 11151 ein Duplikat aus Ašurbanipals Bibliothek vorliegt.

122 usw. beigebracht sind. Eine Aufzählung der Haupttatsachen, auf Grund deren man die Kenntnis der Präzession bei den Babyloniern annehmen muß, findet man auch bei JEREMIAS, HAOG, S. 124 f. und Artikel *Sterne* bei ROSCHER, *Lexikon der Mythologie* IV, Sp. 1483 ff.

Babylonische Meister waren es also, deren rastlos grübelnder Geist mehr als 1000 Jahre vor Hipparch die Tatsache der Präzession fand und damit die größte astronomische Entdeckung des Altertums machte. Jener maßlos überschätzte Epigone[1] wird nun hoffentlich in Zukunft als das betrachtet werden, was er wirklich war: ein gelehriger Schüler babylonischer Meister, dem aber eigene Entdeckungen auf astronomischem Gebiete nicht beschieden gewesen sind.

---

[1]) Vgl. A. JEREMIAS, KAO III², S. 71.

Drittes Kapitel.

Zum babylonischen Fixsternhimmel.

Der babylonische Fixsternhimmel bildet augenblicklich das Hauptforschungsgebiet aller Gelehrten, die sich mit babylonischer Astronomie beschäftigen. Den Anlaß dazu gab die Veröffentlichung der großen Sternliste Br. M. 86378 (CT XXXIII, pl. 1—8), auf Grund deren KUGLER (SSB, *Ergänzungsheft*, S. 1 ff.) und BEZOLD (*Zenit- und Äquatorialgestirne am babylonischen Fixsternhimmel*, Sitzungsber. Heidelb. Akad. d. Wissensch., philos.-histor. Klasse 1913, 11) umfangreiche Studien über das erwähnte Thema veröffentlichten, während mein Buch über den babylonischen Fixsternhimmel (*Handbuch der babyl. Astronomie*, Bd. I) bereits vor dem Erscheinen von CT XXXIII in den Druck gegangen war. Während des Druckes schob ich dann an den entsprechenden Stellen die auf Grund des neuen Textes gewonnenen neuen Aufschlüsse ein und behandelte ihn auch ausführlich im Zusammenhang (S. 35—51). Einige kurze Bemerkungen gab ich auch bereits in OLZ 1913, 4, April, Sp. 149 ff. Eine Vergleichung der Resultate von BEZOLD, KUGLER und mir[1] ergibt nun aber eine nicht unerhebliche Reihe von Diskrepanzen, wobei KUGLER und BEZOLD vielfach gegenüber meinen Resultaten übereinstimmen. Zu bedauern bleibt von vornherein, daß KUGLER sich zu einseitig auf die neue Liste beschränkt und daß auch BEZOLD das übrige Material nur allzu summarisch berücksichtigt hat. Andernfalls wären beide wohl an manchen Stellen zu wesentlich anderen Resultaten gekommen. Bereits in früheren Zeiten waren folgende allgemein anerkannte Gleichungen gefunden:

---

[1] Die Liste bei BEZOLD, a. a. O. S. 11 ff., ist in der unter meinem Namen gehenden Spalte in manchen Punkten etwas veraltet oder leider auch auf Mißverständnisse gegründet. Näheres dazu bringt das obige Kapitel und der erste Band meines *Handbuchs*.

1. *kakkab GIR-TAB* = Scorpius, 2. *kakkab MAŠ-TAB-BA-GAL-GAL* = α + β Gemin., 3. *kakkab Zibanîtum* = Libra, 4. *kakkab Zappu* = Plejaden, 5. *kakkab PA-BIL-SAG* = Sagittarius, 6. *kakkab GÙ-AN-NA* = Taurus, 7. *kakkab AL-LUL* = Cancer[1], 8. *kakkab UR-GU-LA* = Löwe, 9. *kakkab Šarru* = Regulus, 10. *kakkab MAR-GÍD-DA* = Ursa major, 11. *kakkab Ú-ELTEG-GA ᵇᵘ* = Corvus, 12. *kakkab Našru ᵇᵘ* = Aquila. Dazu gesellen sich die beiden Gleichungen 13. *kakkab KAK-SI-DI* = Sirius und 14. *kakkab ŠIB-ZI-AN-NA* = Orion, die ich *Babyloniaca* VI, p. 29 ff. (1912) und *Beiträge*, S. 6 f. (1911) erwiesen habe und die BEZOLD und KUGLER angenommen haben, während ich ihnen jetzt in der Gleichung 15. *kakkab ŠÚ-PA* = Arktur, zu der ich bereits unabhängig im Februar 1913 einmal gelangt war (s. oben S. 4), recht gebe. Damit ist wenigstens eine feste Grundlage gewonnen, wenn wir auch vorläufig in den meisten anderen Identifikationen voneinander abweichen. Im folgenden will ich nun versuchen, meine Aufstellungen in einer Reihe von Hauptpunkten gegen BEZOLD und KUGLER zu verteidigen, wobei gleichzeitig einige Beiträge zur Kritik der neuen Sternliste Br. M. 86378 gegeben werden sollen[2]. Bemerken möchte ich aber noch von vornherein, daß ich über ein sehr beträchtliches, noch unveröffentlichtes Material betreffend den babylonischen Fixsternhimmel verfüge, welches mir eben in vielen Punkten half, über BEZOLD und KUGLER hinauszukommen.

1. *kakkab ŠIM-MAḪ* und *kakkab Anunîtum.*

In *Babyloniaca* VI, p. 147 ff. habe ich nachzuweisen versucht, daß *kakkab ŠIM-MAḪ* und *kakkab Anunîtum* die Namen der beiden Fische des Tierkreises seien (speziell *kakkab ŠIM-MAḪ* = nördlicher, *kakkab Anunîtum* = südlicher Fisch). Da *kakkab ŠIM-MAḪ* mit *kakkab Šinunûtum* „Schwalbenstern" wechselt und in den Aratscholien berichtet wird, daß die Chaldäer den nördlichen Fisch des Tierkreises ἰχϑὺς χελιδόνος „Schwalbenfisch" genannt hätten, so schien gegen meine Aufstellungen nichts einzuwenden. Inzwischen erschien dann CT XXXIII, und auf

---

[1]) Diese Gleichung wurde bewiesen von THOMPSON, *Reports* II, p. XXXV f.   [2]) Über Anrempelungen von Leuten, die keine Ahnung von den hier behandelten Fragen haben (ich denke z. B. an CONDAMIN, *Recherches de Science Religieux* 1913, p. 190 und FRANK, ZDMG 1914, S. 219), auch nur ein Wort zu verlieren, halte ich für gänzlich überflüssig.

Grund der dortigen Angaben über die beiden Gestirne schloß
KUGLER, daß *kakkab ŠIM-MAḢ* = nordwestlicher Aquarius
(mindestens β, α, $\varkappa$, ε, ν Aquar.) und *kakkab Anunîtum* = süd-
westlicher Piscis + Sternenband ω—ξ Piscium sei, während
BEZOLD zu den Gleichungen gelangte: *kakkab ŠIM-MAḢ* = Capri-
cornus E und *kakkab Anunîtum* = Pisces W. Die Resultate beider
Gelehrter sind aber sicher falsch. Schon in *Babyloniaca* VI,
p. 159 wies ich auf einen unveröffentlichten Beobachtungstext
hin, der die beiden Gestirne erwähne und meine Resultate be-
stätige. Ich hatte damals die Positionen nur angenähert
berechnet, aber da sie sämtlich in das Sternbild der Fische
fielen, mußten *kakkab ŠIM-MAḢ* und *kakkab Anunîtum* die Namen
für die beiden Fische des Tierkreises sein. Die Gleichungen
kakkab ŠIM-MAḢ = nördlicher Fisch und *kakkab Anunîtum* = südlicher Fisch hielt ich auf Grund der übrigen Textstellen (hauptsächlich auf Grund der Angabe in den Aratscholien) für sicher.
Eine genaue Nachprüfung der Angaben des Beobachtungstextes
mußte nun ein sicheres Resultat liefern. Es handelt sich um
den Text VAT 4956 aus dem Jahre —567/6 (vgl. *Babyloniaca* VI,
p. 129ff. und oben S. 27)[1]; die für uns daraus in Betracht
kommenden Positionsangaben sind die folgenden:

1. *Airu 1 GIN ina pân ŠIM-MAḢ* „Am 1. Airu Saturn
vor *ŠIM-MAḢ*". 1. Airu = —567 Mai 22. Für dieses Datum:
♄ $\lambda = 327^0, 96$, $\beta = -1^0, 98$. Saturn stand also in den
Fischen, und zwar östlich vom südlichen Fisch.

2. *Šabâṭu 30 Sin ina ŠIM-MAḢ ittanmar 14 30 NA iltânu
illak* „Am 1. Šebaṭ (Tebeṭ hat 29 Tage) wurde der Mond im
ŠIM-MAḢ wieder sichtbar. 58^m betrug seine Sichtbarkeit;
ein Nordwind wehte". 1. Šebaṭ = —566 Februar 12: ☾ $\lambda = 331^0, 81$,
$\beta = -4^0, 94$. Der Mond stand also östlich vom südlichen Fisch.

3. *Adaru 20 DIL-BAT u GÛ-(UD)*[2] *ana riksi (DUR)
ša ŠIM-MAḢ irrubû*[pl] „Am 20. Adar traten Venus und Merkur
in das Band des *ŠIM-MAḢ* ein". 20. Adar = —566 April 2:
♀ $\lambda = 341^0, 16$, $\beta = -1^0, 54$; ☿ $\lambda = 339^0, 08$, $\beta = -2^0, 62$.
Beide Planeten standen also bei der Linie $\delta - \varepsilon$ Piscium.

4. *Adaru 26 GÛ-UD u DIL-BAT ultu riksi ša A-nu-ni-
[tum uṣṣû*[pl]] „Am 26. Adar verließen Merkur und Venus das

---

[1]) Den ganzen Text werden P. V. NEUGEBAUER und ich baldigst in
Bearbeitung vorlegen. Die obigen Rechnungsbelege hat Herr Dr. NEU-
GEBAUER freundlichst unabhängig nachgeprüft.   [2]) *UD* ist versehent-
lich vom Tafelschreiber ausgelassen worden.

Band der *Anunîtu*". 26. Adar = —566 April 8: ♀ $\lambda = 348^0,42$, $\beta = -1^0,57$; ☿ $\lambda = 346^0,18$, $\beta = -2^0,83$. Merkur und Venus standen also direkt östlich hinter der Linie $\zeta—\eta$ Piscium.

Daraus folgt nun mit aller Evidenz:

Südlicher Fisch des Tierkreises = ^{kakkab} *ŠIM-MAḪ*, nördlicher Fisch des Tierkreises = ^{kakkab} *Anunîtum, riksu* des ^{kakkab} *ŠIM-MAḪ* = Sternenband $\omega—\zeta$ Piscium, *riksu* des ^{kakkab} *Anunîtum* = Sternenband ζ, η, ϱ Piscium. Die Sterne α, μ, ν, o Piscium aber wurden von den Babyloniern nicht zu den Fischen gerechnet, sondern gehörten wahrscheinlich zum

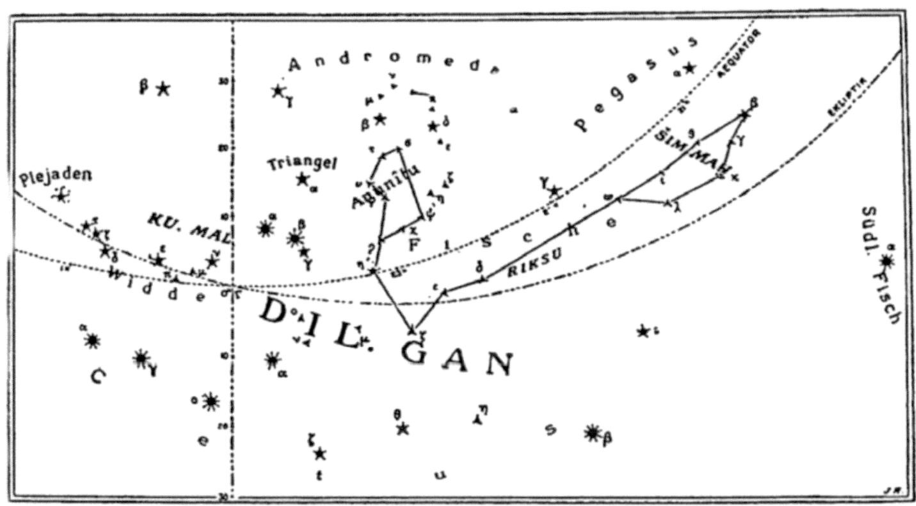

^{kakkab} *DIL-GAN*, der hauptsächlich unseren Cetus umfaßte und zu dem manchmal auch unser Widder gerechnet wurde (vgl. die beigegebene Karte).

In voller Übereinstimmung mit dem so gewonnenen Resultate steht die Aufzählung in der Liste Br. M. 86378, Kol. I, 40—43 (CT XXXIII, pl. 2): 40. „Der ^{kakkab} *DIL-GAN* (= Cetus), der Sitz des Ea, ist der Führer unter den Sternen Anus"; 41. „Der Stern, der vor dem ^{kakkab} *DIL-GAN* steht, ist der ^{kakkab} *Ši-nu-nu-tum* (= ^{kakkab} *ŠIM-MAḪ*)" = südlicher Fisch des Tierkreises; 42. „Der Stern, der hinter dem ^{kakkab} *DIL-GAN* steht, ist der ^{kakkab} *Anunîtum*" = nördlicher Fisch des Tierkreises; 43. „Der Stern, der dahinter steht, ist der ^{kakkab} ^{amêl} *KU-MAL*" = Widder.

Damit stürzt ferner die Behauptung KUGLERS, daß der *kakkab DIL-GAN* auch den östlichen Teil des Aquarius umfasse. Er reichte keinesfalls so weit nach Westen, da sonst der *kakkab ŠIM-MAḪ* nicht v o r ihm liegen könnte! Seine westliche Grenze ist vielmehr in der Gegend von η, β, ι Ceti zu suchen. BEZOLD (*Zenit- und Äquatorialgestirne*, S. 11) will den *kakkab DIL-GAN* mit Pegasus + α Andromedae identifizieren, was sicher falsch ist. Denn im Fixsternkommentar des Astrolabs B heißt es Kol. I, 1ff. (s. mein *Handbuch* I, S. 76f.): — *kakkab DIL-GAN ša ina ZI šâr šadî izzazu^zu ana šâr šûti iparriku* . . . . . . „Der *kakkab DIL-GAN*, der im *ZI* des Ostens steht u n d s i c h n a c h S ü d e n e r s t r e c k t usw.“ Die letztere Bemerkung kann sich natürlich nur auf Cetus, unmöglich aber auf Pegasus beziehen.

Noch einige Bemerkungen zu *kakkab Anunîtum.* Es ist sehr wahrscheinlich, daß die Babylonier zu diesem Sternbilde nicht nur den heutigen nördlichen Fisch des Tierkreises, sondern auch die südlichen Sterne der Andromeda (vor allem β Andromedae) rechneten. Denn noch bei den Arabern heißt β Andromedae بطن الحوت „B a u c h d e s F i s c h e s“, und das ganze Sternbild führt den Namen المرأة المسلسلة „d i e A n g e k e t t e t e“[1]. Dieser Name geht deutlich auf die babylonische *Anunîtu* zurück, die ja an den *riksu* gebunden ist[2]. Die Trennung von Andromeda und nördlichem Fische aber dürfte erst in hellenistischer Zeit vor sich gegangen sein.

Endlich bleibt noch eine Frage zu erledigen: Ist nun also die Angabe der Aratscholien falsch, daß die Chaldäer *τὸν βορειότερον ἰχθύν* „Schwalbenfisch“ genannt hätten? Die Möglichkeit besteht, möglich wäre aber auch, daß hier einfach das Tierkreisbild der Fische im Gegensatze zum Piscis austrinus gemeint ist. Das Richtige bietet jedenfalls das Horoskop des Titos Pitenios (s. *Babyloniaca* VI, p. 147), wo es heißt, daß Saturn bei 5° 59′ der Fische stand, *ἐπὶ τοῦ χελειδονιαίου ἰχθύος καταβιβάζων*. Er stand dann tatsächlich im südlichen Fische des Tierkreises.

Und wenn wir nun das Fazit aus den obigen Untersuchungen ziehen, so ergibt sich: die Angaben über die Auf- und Unter-

---

[1]) Vgl. IDELER, *Untersuchungen über den Ursprung der Sternnamen*, S. 124ff. [2]) Auf die Bedeutung dieser Feststellung für den Andromedamythos gehe ich demnächst an anderer Stelle ausführlich ein.

gänge der Gestirne *kakkab* $\check{S}IM\text{-}MA\underline{H}$ und *kakkab Anunitum* in der zweiten Hälfte der Liste Br. M. 86378 sind um etwa 20 bis 30 Tage verfehlt! Ein Steinchen löst sich so aus dem Baue, und mit Naturnotwendigkeit müssen die angrenzenden nachstürzen. In der Tat erweisen sich so eine ganze Reihe von weiteren Fixsternidentifizierungen als falsch (vgl. auch schon oben), wofür sogleich weitere Belege geliefert werden sollen. Die Liste Br. M. 86378 ist in ihrer zweiten Hälfte[1] kein Original mehr, sondern ein vielfach überarbeiteter und dabei reichlich in Unordnung geratener Text, der ohne Kritik einfach unbenutzbar ist. Das ist wichtig für die Beurteilung der Aufstellungen von KUGLER und BEZOLD, die das nicht erkannt haben.

2. *kakkab* $\underline{H}A$ und *kakkab Gula*.

Den *kakkab* $\underline{H}A$ identifizieren KUGLER (SSB, *Ergänz.*, S. 14 und 67) und BEZOLD (*Zenit- und Äquatorialgestirne*, S. 17) mit dem nördlichen Fische des Tierkreises, *kakkab Gu-la* KUGLER mit Piscis austrinus + Microscopium (a. a. O., S. 12 ff.) und BEZOLD mit Aquarius δ bis α (a. a. O., S. 16). Im ersteren Falle haben beide unrecht. Mit Hilfe der zweiten Hälfte der Liste Br. M. 86378 kann der *kakkab* $\underline{H}A$ nur mit größter Vorsicht bestimmt werden, da wir eben feststellten, daß die umliegenden Angaben falsch sind. Eine Stelle in einem unveröffentlichten Texte läßt aber eine sichere Entscheidung zu; es heißt dort: der *kakkab* $MAR\text{-}GID\text{-}DA$ steht im ZI des Nordens, der *kakkak* $\underline{H}A$ im ZI des Südens, der *kakkab* $GIR\text{-}TAB$ im ZI des Westens und der *kakkab Zappu* im ZI des Ostens. Die Stelle ist ganz klar: wenn am Osthorizont der *kakkab Zappu* = Plejaden steht, so steht 180° entfernt davon am Westhorizonte der *kakkab* $GIR\text{-}TAB$ = Skorpion, zwischen beiden im Süden bei 270° der *kakkab* $\underline{H}A$ und im Norden bei 90° der *kakkab* $MAR\text{-}\hat{G}ID\text{-}DA$ = Ursa major. Eine einfache Rechnung muß nun die Lage des *kakkab* $\underline{H}A$ mit Sicherheit bestimmen lassen; ich habe dafür das Jahr —2200 gewählt, weil damals die Plejaden ungefähr beim Frühlingspunkte standen:

$$-2200 \quad \eta \text{ Tauri} \quad \alpha = 0°,22.$$

---

[1] Von Kol. II, 36 ab. Der Teil Kol. I, 1 bis II, 35 wird von der obigen Kritik natürlich nicht berührt.

90⁰ weiter soll der *kakkab* $MAR\text{-}G\acute{I}D\text{-}DA$ = Ursa major liegen: —2200 β Ursae maj. $\alpha = 72^0, 34$; α Ursae maj. $\alpha = 61^0, 13$; γ Ursae maj. $\alpha = 93^0, 55$; δ Ursae maj. $\alpha = 95^0, 36$; ε Ursae maj. $\alpha = 116, 72$; ζ Ursae maj. $\alpha = 136^0, 33$; η Ursae maj. $\alpha = 153^0, 19$.

Der Meridian 90⁰ geht also zwischen α, β und γ Ursae majoris hindurch. Das Mittel der Entfernung $\alpha - \varepsilon$ Ursae maj. liegt bei $87^0, 82$, das Mittel der Entfernung von $\alpha - \zeta$ Ursae maj. bei $95^0, 90$.

Etwa 180⁰ vom *kakkab* $Zappu$ soll der *kakkab* $GIR\text{-}TAB$ liegen. In Wirklichkeit muß die Entfernung etwas größer sein, da bei genauer Entfernung von 180⁰ beide Sterne in der Horizontlinie stehen, also unsichtbar sein würden. Man wird also 180⁰ um 8⁰—10⁰ vermehren müssen, für *kakkab* $GIR\text{-}TAB$ = Skorpion ergäbe sich mithin eine mittlere Rektaszension von 188⁰—190⁰. Auch das stimmt; denn —2200 hat β Scorpii die Rektaszension $\alpha = 185^0, 23$ und α Scorpii $\alpha = 189^0, 04$.

Der *kakkab* HA soll nun etwa bei 270⁰ stehen, und da kann kein anderes Sternbild in Betracht kommen als der Piscis austrinus. Denn —2200 war die Rektaszension von α Piscis austr. (Fomalhaut) $\alpha = 276^0, 89$. Die Gleichung *kakkab* HA = Piscis austrinus ist damit also einwandfrei bewiesen.

Wie verhalten sich nun dazu die Angaben der Sternliste Br. M. 86 378? Nach Kol. II, 36 ff. geht der *kakkab* HA 150 Tage nach dem *kakkab* $Zibanitum$ = Libra und 25 Tage vor dem *kakkab* $KU\text{-}MAL$ = α Arietis auf. Die Rechnung ergibt für —3000:

	M	α	δ	$\odot$	d seit Äquin.	jul. Dat.
α Pisc. austr.	1,3	262⁰,40	— 44⁰,24	300⁰,10	303ᵈ,00	Februar 13
α^2 Librae	2,7	158,28	+ 10,32	172,16	176,16	Oktober 9
β „	2,6	165,51	+ 16,18	173,88	177,85	„ 11
α Arietis	2,2	327,22	— 3,01	338,85	343,11	März 25

Die zeitlichen Distanzen sind also:

$$\text{Fomalhaut} - \alpha \text{ Arietis} \quad 40^{\text{d}}$$
$$\alpha^2 \text{ Librae} \ - \text{Fomalhaut} \ 127^{\text{d}}$$
$$\beta \text{ Librae} \quad - \text{Fomalhaut} \ 125^{\text{d}}$$

In beiden Fällen weichen also die durch Rechnung gewonnenen Ergebnisse von den Angaben des Textes erheblich ab. Wahrscheinlich ist aber der Text hier bereits für eine spätere Zeit überarbeitet; für —1000 würde sich die Diskrepanz zwischen Rechnung und Text erheblich mildern. Andererseits muß auch betont werden, daß der heliakische Aufgang von Fomalhaut wegen seines tiefen südlichen Standes von den babylonischen Astronomen unmöglich genau festgestellt werden konnte.

Da nun also *kakkab ḪA* = Piscis austrinus ist, so kann nicht *kakkab Gu-la* = Piscis austrinus + Microscopium sein, wie KUGLER will. Das „Gestirn der Gula" ist vielmehr, wie noch in der Spätzeit, der Aquarius, was auch BEZOLD annimmt.

3. *kakkab GAM*, *kakkab ŠÚ-GI* und *kakkab Lu-lim*.

Den *kakkab GAM* identifizieren KUGLER (SSB, *Ergänzungsh.*, S. 5) und BEZOLD (*Zenit- und Äquatorialgest.*, S. 12) mit unserem Fuhrmann, den *kakkab ŠÚ-GI* mit unserem Perseus (KUGLER, S. 14, BEZOLD, S. 14). Zu dem umgekehrten Resultate bin ich in meinen früheren Arbeiten gekommen. Allerdings scheint die Liste Br. M. 86 378 KUGLER und BEZOLD recht zu geben. Aber da wir oben schon feststellten, welche beträchtlichen Fehler der Text aufweist, so ist es doch vorerst ratsam, die übrige Literatur zu befragen. Folgende Stellen, die den *kakkab ŠÚ-GI* nennen, passen nur auf unseren Fuhrmann, aber nicht auf Perseus.

a) Nach dem Texte Br. M. 55 466 + 55 486 + 55 627, Z. 28—29 [1] bilden die Gestirne *kakkab ŠÚ-GI* und *kakkab Zappu* den *kakkar niṣirtum*, d. h. das $\H{v}\psi\omega\mu\alpha$ des Mondes (s. OLZ 1913, Sp. 208). Nun ist das $\H{v}\psi\omega\mu\alpha$ des Mondes der Stier [2]; *kakkab Zappu* ist der Name der Plejaden, also muß *kakkab ŠÚ-GI* dem eigentlichen Taurus entsprechen. Da *kakkab ŠÚ-GI* nicht selbst mit dem Taurus identisch ist, so kann nur ein Gestirn in Frage kommen, das in seiner Nähe steht und zu dem er unter Umständen wenigstens teilweise gerechnet werden konnte. Das muß der Fuhrmann sein; der Perseus steht dagegen über dem östlichen Teile des Widders und seine östlichsten Sterne auch nur über den Plejaden. Dagegen standen im Altertume α Tauri, der Hauptstern der Hyaden, und α Aurigae, der Hauptstern des Fuhrmanns, nahezu übereinander [3]. Die Rektaszensionen der in Betracht kommenden Sterne sind für —700: α Persei $\alpha = 9^0,42$; ζ Persei (der öst-

---

[1]) Veröffentlicht von KING, *The Seven Tablets of Creation* II, pl. LXIX (vgl. I, p. 212).   [2]) S. OLZ 1913, 5, Sp. 208 ff.   [3]) Vgl. die Sternkarte bei JEREMIAS, HAOG.

lichste hellere Stern des Perseus) $\alpha = 19^0, 42$; η Tauri $\alpha = 19^0, 29$; α Tauri $\alpha = 31^0, 99$; α Aurigae $\alpha = 33^0, 31$. Aus dem genannten Texte geht also mit aller Evidenz hervor, daß der *kakkab* ŠÚ-GI mit unserem Fuhrmann identisch ist und daß er bis in das Sternbild des Stieres hinabreichte, der teilweise zu ihm gerechnet wurde.

b) VACh, *Ištar* XXV, 74 heißt es: — *kakkabu šâmu ša ina pân* ⁱˡ*En-lil miḫrit*ᵘ *šâršadî* ⁱˡ*En-lil a-na* *kakkab* ŠÚ-GI *i-ḳab-bi* „Der rote Stern vor Enlil gegen Osten. Enlil entspricht dem *kakkab* ŠÚ-GI"[1]. Mit dem „roten Sterne" kann nur der rote Aldebaran gemeint sein; er soll v o r dem *kakkab* ŠÚ-GI stehen. Damit kann nur der Fuhrmann gemeint sein; denn Aldebaran steht ·v o r dem Fuhrmann, aber h i n t e r dem Perseus. Ich verweise auch noch auf V R 46, 14 a b: *kakkab* Gira[2] *namru ša miḫrit* ⁱˡ*EN-ME-ŠAR-RA* „der glänzende Stern des Feuergottes gegenüber dem ⁱˡ*EN-ME-ŠAR-RA*". Nun ist Gira identisch mit dem Feuergotte ⁱˡ*BIL-GI* (s. TALLQVIST, *Maqlû* S. 25 f., MEISSNER, OLZ 1912, Sp. 117 f.); der Stern des Gottes *BIL-GI* ist aber Aldebaran, wie aus der Hemerologie des Astrolabs B I, 27/33 (s. mein *Handbuch* I, S. 85) zweifelsfrei hervorgeht. Andererseits offenbart sich im *kakkab* ŠÚ-GI der Gott Enmešarra (s. CT XXXIII, pl. 1, I, 3; Fixsternkommentar des Astrolabs B II, 13 f., s. mein *Handbuch* I, S. 78). Also auch nach dieser Stelle soll Aldebaran gegenüber dem *kakkab* ŠÚ-GI liegen, der danach nur der Fuhrmann sein kann.

c) ThR 226, Vs. 1—4: [1][*kakkab* L]U-BAD GÙ-UD *ina erêb Šamši* [2][*it-t*]*i* *kakkab* Zappi *it-tan-mar* [3]*a-na libbi*ᵇⁱ *kakkab* ŠÚ-GI [4]*iš-ta-naḳ-ḳa-a* „Merkur wurde im Westen bei den Plejaden sichtbar, zum *kakkab* ŠÚ-GI stieg er empor". Merkur ist also als Abendstern nahe den Plejaden sichtbar geworden. Er entfernt sich rasch in östlicher Richtung von der Sonne und steht abends immer höher am Westhorizonte (*iš-ta-naḳ-ḳa-a*). Er hat sich dabei natürlich auch ein gutes Stück ostwärts von den Plejaden entfernt und soll sich dabei auf den *kakkab* ŠÚ-GI zubewegt haben. Der Perseus kann unmöglich in Betracht kommen; Merkur steht vielmehr nahe den Hyaden südlich vom Fuhrmann. Also auch dieser Text bestätigt die Gleichung: *kakkab* ŠÚ-GI = Fuhrmann (+ Teil des Taurus).

---

[1]) D. h. ist mit ihm identisch. Zu dieser Ausdrucksweise vgl. VACh, *Ištar* XXV, 68; ThR 236 G, 5f. usw.   [2]) Zu *GIŠ-BAR* = Gira s. MEISSNER, OLZ 1912, Sp. 117f.

d) Nach ThR 244 und 246 kann der *kakkab ŠÚ-GI* auch hinter dem Monde verschwinden. ThR 244, 1—7 heißt es: [1]— *kakkab ŠÚ-GI ana eli Sin* [2]*DAR-ma izziz ana libbi êrub* [3]*šarru ina li-i-ti izzaz*[aš] [4]*i-ša-ab-ma mât-su* [*irappaš šarru*] [5]*eli mâti-šu itâb-*[*ma*] [6]*kitti u mi-ša-*[*rī*] [7]*ina mâti ibašši*[ši] „Verfärbt sich der *kakkab ŠÚ-GI* gegenüber dem Monde, steht er so da und tritt er in ihn ein, so wird der König in Macht dastehen (und darin) alt werden[1], sein Land wird sich gedeihlich entwickeln, der König wird sich über sein Land freuen, und Recht und Gerechtigkeit wird im Lande sein". Ähnlich ist ThR 246, 1—7 abgefaßt: [1][— *kakkab*] *ŠÚ-GI ana eli Sin DAR-ma izziz* [2][*šarru ina*] *li-ti izzazu*[zu] [3][*i-*]*šam-ma mât-su irappaš*[aš] [4][— *kakkab*] *ŠÚ-GI ana eli Sin DAR-ma izziz* [5][*ša*]*rru mâti* . . [   ] *šarru eli mâti-šu iṭâb-ma* [6][*kit-*]*ti u i-šar-ti* [7][*ina*] *mâti-šu ibašši*[ši]. Nach diesen Stellen ist es also zweifellos, daß der *kakkab ŠÚ-GI* oder wenigstens ein Teil von ihm vom Monde bedeckt werden kann. Hauptsächlich auf Grund dieser Stelle hat auch THOMPSON (*Reports* II, p. XLII) geschlossen, daß der *kakkab ŠÚ-GI* die Plejaden bezeichne. Diese Möglichkeit ist nun zwar auf Grund unserer heutigen Kenntnisse ausgeschlossen, aber ebenso unmöglich ist es, daß der *kakkab ŠÚ-GI* mit dem Perseus identisch sei. Denn der Mond kann sich bekanntlich nur etwa 5^0 von der Ekliptik entfernen, der Stern des Perseus aber, welcher der Ekliptik am nächsten liegt, nämlich ζ Persei, ist noch immer etwa 12^0 von ihr entfernt. Dagegen stimmt alles vorzüglich, wenn man *kakkab ŠÚ-GI* = Fuhrmann setzt und zu diesem die kleinen Sterne des Taurus östlich von den Plejaden bis zu β, ζ Tauri hin rechnet[2]. Wir sahen oben, daß diese Sterne wahrscheinlich zum *kakkab ŠÚ-GI* gehörten, und sie können alle vom Monde bedeckt werden.

e) Zuletzt die eigentlich entscheidende Stelle. ThR 49, 1—6 (= 104, 6—9)[3]: [1]— *Sin ina* arab *Si-li-li*(!)*-ti* giš *narkabta ra-kib* [2]*šar Akkadî*[ki] *ni-ir-šu iš-šir-ma* [3]*a-a-bi-šu ḳât-su ikaššad*[ad] [4]arab *Si-li-li*(!)*-ti* arab *Šabâṭu* [5][*Sin ina*] arab *Šabâṭi ina libbi*[bi]

---

[1]) *išâb* wohl von *šâbu* „alt werden" (DELITZSCH, HW 652).

[2]) Diese Stelle gestattet die einzelnen Gestirne genau gegeneinander abzugrenzen: *kakkab Zappu* = Plejaden, *kakkab GÙ-AN-NA* = Hyaden mit Aldebaran und *kakkab Narkabtu* = $\beta + \zeta$ Tauri, während die zwischen den Plejaden und $\beta + \zeta$ Tauri liegenden kleinen Sterne (nördlich von den Hyaden) zum *kakkab ŠÚ-GI* gerechnet wurden. [3]) Zur Ergänzung von ThR 104 s. bereits *Memnon* V, S. 33.

kakkab ŠÚ-GI [6] *tarbaṣa ilammi^{mi}-ma* „Fährt der Mond im Monat Sililiti im Wagen, so wird die Herrschaft des Königs von Akkad gedeihen, seinen Feind wird seine Hand gefangen nehmen. Der Monat Sililiti ist der Monat Šebaṭ. Der Mond war im Šebaṭ im *kakkab ŠÚ-GI* von einem Halo umgeben." Der Mond „fährt im Wagen", das bedeutet ganz zweifellos: er steht in der Sterngruppe *kakkab giš Narkabtu*. Daß das Determinativ *kakkabu* fehlt, liegt in der ganzen Ausdrucksweise begründet; vgl. auch VAT 7825, Rs. 8—9 (astrologischer Text aus der Arsakiden-zeit): — *ina ^{arab} Nisanni ûmu I^{kan} atalû iššakan-ma AN ina ^{giš} narkabti irbi* „Findet am 1. Nisan eine Finsternis statt und verschwindet Mars im Wagengestirn." Der *kakkab giš Narkabtu* ist nun identisch mit den Sternen $\beta + \zeta$ Tauri[1]. Noch in der spätbabylonischen Astronomie heißen die beiden Sterne: *šur narkabti ša šûti* und *šur narkabti ša iltâni* (s. EPPING, *Astronomisches aus Babylon*, S. 121 f.), was allem Anscheine nach „südliches Rad des Wagens" und „nördliches Rad des Wagens" zu über-setzen ist (so schon KUGLER, SSB I, S. 278). Da nach Z. 5 des oben zitierten Textes der Mond auch im *kakkab ŠÚ-GI* ge-standen haben soll, so müssen *kakkab Narkabtu* und *kakkab ŠÚ-GI* irgendwie miteinander in Verbindung stehen. Nun steht in der Tat der Fuhrmann über den Sternen $\beta + \zeta$ Tauri. Wird dadurch schon die Gleichung *kakkab ŠÚ-GI* = Fuhrmann nahe-gelegt, so läßt sie sich auf folgendem Wege zu unumstößlicher Sicherheit erhärten. In dem astrologischen Briefe HARPER, *Letters* VII, 679 heißt es Vs. 5—6: [*kakkab ZAL-*]*BAT^{a-nu} ina ḫarrân šu-ut ^{il} En-lil it-ti šêpê^{pl}* [*kakka*]^{b} *ŠÚ-GI it-tan-mar* „Mars wurde im Enlilwege bei den Füßen des *kakkab ŠÚ-GI* sichtbar". Ebenso finden wir ThR 244 A, 3 angegeben, daß ein Planet (Mars?) *itti šêpê kakkab ŠÚ-GI izzaz-ma* „bei den Füßen des *kakkab ŠÚ-GI* stand". Und nun bietet ein unveröffentlichter Text: — *Sin ^{giš} narkabta râkib itti šêpê^{II} ša kakkab ŠÚ-GI izzaz^{az}-ma* „Fährt der Mond im Wagen, (das bedeutet:) er steht bei den Füßen des *kakkab ŠÚ-GI*". Damit ist die Gleichung *kakkab ŠÚ-GI* = Fuhrmann einwandfrei bewiesen.

Der *kakkab ŠÚ-GI* (= *šêbu* „Greis") steht also auf dem Wagen, gilt mithin auch bei den Babyloniern als Wagenlenker.

---

[1]) Erwähnt sei hier dazu nur, daß sich in dem Beobachtungstexte VAT 4956 die Angabe findet, daß die Gestirne *Zappu*, *GÙ-AN* und *Nar-kabtu* im Mondhalo gesehen worden seien; das sind also Plejaden, Hyaden und $\beta + \zeta$ Tauri. Näheres in meinem *Handbuche* I, Kap. III.

Das griechische Sternbild des ἡνίοχος ist also auch der babylonischen Sphäre entlehnt. Der einzige Unterschied ist nur, daß der griechische ἡνίοχος nicht auf einem Wagen steht. Indessen wird bei Teukros dem Babylonier und den von ihm abhängigen Schriftstellern, in deren Kompilationen viel altorientalisches Gut steckt, ein ἡνίοχος ἐπὶ ἅρματος genannt. Das ist sicher unser *kakkab ŠÚ-GI* auf dem *kakkab Narkabtu*[1]. Daneben nennen die Texte noch einen anderen ἡνίοχος, der in dem zweiten Teukrostexte als ἡνίοχος ἄλλος gekennzeichnet wird. Jene spätgriechischen Schriftsteller haben jene beiden ἡνίοχοι offenbar für zwei verschiedene Sternbilder gehalten (so demgemäß auch BOLL, *Sphaera*, S. 108ff.); in Wirklichkeit ist natürlich beide Male der „Fuhrmann" gemeint, dort wie ihn die Babylonier, hier wie ihn die Griechen sahen. Die Ansicht, daß es zwei ἡνίοχοι am Fixsternhimmel gäbe, dürfte auf fehlerhafte Benutzung verschiedener Vorlagen[2] durch Teukros zurückzuführen sein.

Die Gottheit, die sich im *kakkab ŠÚ-GI* offenbart, ist Enmešarra (s. CT XXXIII, pl. I, 3; Fixsternkommentar des Astrolabs B, Kol. II, 13f., s. mein *Handbuch* I, S. 78 usw.). Nun bietet V R 46, 21 a b die Gleichung: *kakkab Lu-lim* = *il En-mešár-ra*. Daraus folgt mit Sicherheit, daß entweder der *kakkab Lu-lim* ein Teil des *kakkab ŠÚ-GI* oder der *kakkab ŠÚ-GI* ein Teil des *kakkab Lu-lim* ist. Sonst könnten natürlich nicht beide als Enmešarra bezeichnet werden. Nun hat *lu-lim* (*lulîmu*) die Bedeutung „Leitschaf, Widder", und da erinnert man sich sofort, daß nach griechischer Überlieferung der Fuhrmann eine Ziege oder ein Böckchen auf dem Arme trägt. Es handelt sich dabei um den hellsten Stern des Fuhrmanns, der ja noch heute den Namen Capella führt. Da nun *lu-lim* „Widder, Bock" bedeutet und das so genannte Gestirn im Fuhrmann zu suchen ist, so dürfte es doch wohl mehr als wahrscheinlich sein, daß der *kakkab Lu-lim* eben mit der Capella und den um-

---

[1]) Zu der obigen Feststellung sei noch auf eine merkwürdige Stelle in einem Vokabulare hingewiesen; ich meine CT XIX, pl. 49, K 26, R. I, 4. Dort sind die Ideogramme für *ŠÚ-GI* und *giš narkabtu* vereinigt, und wir lesen die Gleichung: *giš*-⟨𒌋⟩-*ŠÚ-GI* = *ma-ḫa-rum ša giš narkabti* „lenken, vom Wagen gesagt". Hierdurch findet meines Erachtens die Deutung des *ŠÚ-GI* als Wagenlenker eine schöne Bestätigung.

[2]) Die teils eben die babylonische, teils die griechische Anschauung wiedergaben.

liegenden Sternen zu identifizieren ist. Interessant ist dabei auch die Feststellung, daß die von den Griechen überlieferte Gestalt des Auriga als Wagenlenker mit dem Böckchen vollständig der orientalischen Sphäre entlehnt ist.

4. *kakkab* KAK-SI-DI, *kakkab* BAN und *kakkab* TAR-LUGAL.

Die Gleichung *kakkab* KAK-SI-DI = Sirius, die ich in *Babyloniaca* VI, p. 29ff. und OLZ 1913, Sp. 150f. eingehend begründet habe, ist jetzt durch die Liste Br. M. 86378 und den astronomischen Beobachtungstext aus der Kassitenzeit (s. oben S. 15) endgültig bewiesen. Fast unüberwindliche Schwierigkeit aber hat bis zur Veröffentlichung der genannten großen Sternliste die Identifizierung des *kakkab* BAN gemacht. Wir wissen jetzt, daß der *kakkab* BAN unserem Canis major (ohne Sirius) und den angrenzenden Sternen von Puppis entspricht[1]. Zu dieser Gleichung war ich bereits längere Zeit vor Erscheinen von Br. M. 86378 gelangt. Die Anregung zu dieser Erkenntnis, die jetzt eine so schöne Bestätigung gefunden hat, gab mir ein Vergleich mit dem — chinesischen Fixsternhimmel. Da gerade jetzt die Frage nach Kulturbeziehungen zwischen West- und Ostasien so lebhaft erörtert wird, so dürfte es im allgemeinen Interesse liegen, hier näher darauf einzugehen.

kakkab KAK-SI-DI bedeutet bekanntlich „Pfeilstern" (s. K 260, Z. 22 bei LENORMANT, *Choix de textes cunéiformes*, p. 82 und STRASSMAIER, AV Nr. 8818 usw.) und *kakkab* BAN „Bogenstern". Nun findet man bei SCHLEGEL, *Uranographie chinoise*, p. 434, daß in der chinesischen Astronomie der Canis major mit einigen anliegenden Sternen von Puppis zu einer Gruppe zusammengefaßt wird, die den Namen *hou-chi* „Bogen und Pfeil" führt. Der „Bogen" wird durch die Sterne $\varkappa$, ε, σ, δ, τ Canis maj. und ξ, o Puppis, der „Pfeil" durch die Sterne η, δ, o^2 Canis maj. repräsentiert. Die Spitze des Pfeiles ist auf den Sirius gerichtet, der die Bezeichnung *t'ien-lang* „himmlischer Schakal" führt (s. SCHLEGEL, a. a. O., p. 430ff.). Die genaue Übereinstimmung mit den babylonischen Bildern fällt sofort in die Augen. Nur ist dort der Pfeil über o^2 Canis maj. bis zum Sirius weitergeführt, der als die Spitze des Pfeiles gilt. Der „Bogenstern" aber umfaßt bei beiden Völkern genau die gleichen Sterne,

---

[1] So jetzt auch KUGLER, SSB, *Ergänzungsheft*, S. 8 und BEZOLD, *Zenit- und Äquatorialgestirne*, S. 15.

nachdem jetzt durch den Text Br. M. 86378 der *kakkab* *BAN*
sich hat genau identifizieren lassen. Die chinesische Astronomie
aber erweist sich noch in einem Punkte für die babylonische
wertvoll. In *Babyloniaca* VI, p. 29ff. vertrat ich die Ansicht,
daß auch Prokyon zum „Pfeile" als dessen unteres Ende ge-
höre, eine Ansicht, die auch BEZOLD (a. a. O., S. 49) und BOLL
(ebenda S. 59) für wahrscheinlich erklärt haben. Diese Meinung
ist indessen durch die Liste Br. M. 86378 schon stark er-
schüttert[1], durch den oben veröffentlichten astronomischen
Beobachtungstext (s. S. 15) aber endgültig widerlegt worden.
Aus der chinesischen Astronomie erfahren wir nun, daß der
„Pfeil", wie es ja eigentlich zunächst auch zu erwarten ist,
auf dem „Bogen" liegt und durch die Sterne α, o^2, δ, η Canis maj.
repräsentiert wird. Da aber δ und η Canis maj. auch zum
„Bogen" gehören und o^2 nur ein Stern dritter Größe ist, so
bleibt für den eigentlichen „Pfeilstern" nur Sirius übrig.

　　„Welchen Namen führte denn nun Prokyon bei den Babyloniern?"
wird man mit Recht fragen. Schon seit langem ist mir aufgefallen,
welch bedeutende Rolle der *kakkab* *AL-LUL* bei den Babyloniern spielt.
So heißt bekanntlich das Tierkreisbild des Krebses, das doch nur aus
lichtschwachen Sternen besteht, und so habe ich vermutet, daß der ganz
in der Nähe liegende Prokyon bei den Babyloniern den Hauptstern des
kakkab *AL-LUL* bildete. Das wird jetzt bestätigt durch einen unveröffentlichten Text, der an Wichtigkeit für die Rekonstruktion des babylonischen
Fixsternhimmels wohl einzigartig dasteht. Es werden darin eine große
Anzahl Sternbilder genau beschrieben in ihrer Lage am Himmel und in
der Zahl ihrer Sterne. Und da heißt es in dem Abschnitt über den
kakkab *AL-LUL* : *kakkab* *SAG-ME-GAR* ina pâni-šu e-sir „der *kakkab* *SAG-*
ME-GAR ist an seiner Vorderseite angeheftet"[2]. *kakkab* *SAG-ME-GAR*
ist sonst ein Name des Planeten Jupiter, der auch *kakkab* *UT-AL-TAR*
heißt. Nun findet sich im Astrolab ein *kakkab* *UT-AL-TAR*, den man
längst mit dem Prokyon identifiziert hat (s. JENSEN, *Das Gilgameschepos*
in der Weltliteratur I, S. 85 f. und ZDMG 1913, S. 517, KUGLER, SSB I,
S. 247 f. usw.)[3]. Und da nun *kakkab* *UT-AL-TAR* = *kakkab* *SAG-ME-GAR*
ist, so wäre damit erwiesen, daß der Prokyon zum Krebse gerechnet
wurde. Seine Bezeichnung als „Jupiterstern" ist sehr verständlich, wenn
man bedenkt, daß der Krebs als $\vartheta\psi\omega\mu\alpha$ des Jupiter galt (s. OLZ 1913,
Sp. 208 ff.).

　　Den oben aufgezeigten beiden Parallelen zwischen dem
babylonischen und chinesischen Fixsternhimmel kann ich hier

---

　　[1] Vgl. schon OLZ 1913, Sp. 150 f. und die Mitteilung bei JEREMIAS,
HAOG, S. 129.　　[2] Vgl. figere, Fixstern!　　[3] Das Astrolab B bietet
für *kakkab* *UT-AL-TAR* die Variante *kakkab* *UMUN-PA-È*, was bekanntlich auch ein Name des Planeten Jupiter ist.

noch eine dritte beifügen, welche ein ebenfalls ganz in der
Nähe des Sirius gelegenes Sternbild betrifft. Nicht gerade sehr
häufig wird in den astronomischen Texten ein kakkab *TAR-LUGAL*
„Hahnenstern“ genannt. Aus dem Texte Br. M. 86378, Kol. II, 5
(CT XXXIII, pl. 3) läßt sich entnehmen, daß er zwischen Orion
und Sirius, also etwa im Lepus oder in der Columba zu suchen
ist. Und nach SCHLEGEL, a. a. O., p. 428ff. heißt der Stern
17 Leporis *yé-ki* „wilder Hahn“. Der kakkab *TAR-LUGAL* dürfte
danach also mit dem Lepus identisch sein[1].

Die völlig übereinstimmende Gruppierung und Benennung
gerade der wichtigsten Partie des Fixsternhimmels bei Babyloniern
und Chinesen kann nur durch literarische Abhängigkeit eines
der beiden Völker vom anderen erklärt werden. Welches Volk
das gebende war, kann wohl schon a priori kaum zweifelhaft
sein. Wenn man nur bedenkt, daß in chinesischen Texten ein
Wert für die längste Dauer des Tages angegeben wird, den
man auch in Keilschrifttexten findet und der nur für die Breite
von Babylon paßt[2], und daß in chinesischen astrologischen
Texten der Planet Saturn die Bezeichnung *kai-wun* führt, was
nichts anderes ist als sein babylonischer Name *kaiwânu*
(s. OLZ 1913, Sp. 56), so ist es wohl ohne weiteres klar, daß
dafür nur die Babylonier in Betracht kommen können. Mit
dem, was wir sonst von den kulturellen Beziehungen zwischen
Babyloniern und Chinesen wissen, stimmt das vollständig überein.

---

[1]) Der Lepus steht am Fuße des Orion. Auf die babylonische Auffassung des Lepus als Hahn geht es jedenfalls auch zurück, wenn von
einem griechischen Anonymus berichtet wird, daß der Orion Ἀλεκτροπόδιος
„Hahnenfuß“ heiße (s. IDELER, *Ursprung der Sternnamen,* S. 220).

[2]) Vgl. A. WEBER, *Ind. Literaturgesch.*[2], S. 265, Anm. 268 (s. ROECK,
ZA XXIV, S. 320).

Viertes Kapitel.

Jahresanfang und Schaltung im babylonischen Kalender.

Im vorliegenden Kapitel sollen zwei Probleme des sumerisch-babylonischen Kalenders behandelt werden, die in letzter Zeit der Gegenstand lebhafter Erörterungen gewesen sind: 1. Wie verhält es sich mit dem Jahresanfang in Babylonien? 2. Nach welchen Prinzipien wurden in Babylonien zu den verschiedenen Zeiten Sonnen- und Mondjahr ausgeglichen?

Wenn wir nun das erstgenannte Problem ins Auge fassen, so gilt die erste Prüfung dem sogenannten präsargonischen Kalender, d. h. dem Kalender zur Zeit der Könige Lugalanda und Urukagina von Lagaš (ca. 2900 v. Chr.). Damit treten wir aber zugleich in eine der schwierigsten Streitfragen ein. Zunächst muß zugegeben werden, daß über die Reihenfolge der Monate noch gar keine Sicherheit besteht. KUGLER (SSB II, S. 211 ff.) glaubte aus bestimmten Angaben der Inschriften ein Prinzip folgern zu können, welches ihm die Rekonstruktion des Kalenders gestattete. Dieses Prinzip hat auch ST. LANGDON (PSBA XXXIV, 1912, p. 248 ff., XXXV, 1913, p. 47 ff.) als richtig übernommen, gleichwohl weicht aber seine Rekonstruktion von der KUGLERS in wesentlichen Punkten ab. Endlich hat sich in jüngster Zeit G. A. BARTON (JAOS XXXIII, 1913, p. 297 ff.) gegen das Prinzip KUGLERS erklärt und die Monate in gänzlich anderer Weise angeordnet. Ich muß gestehen, daß es sehr schwierig ist, sich hier ein Urteil zu bilden. Das Prinzip KUGLERS sieht folgendermaßen aus: Am Schlusse der Texte findet sich meistens, abgesondert von dem übrigen, eine be-stimmte Zahl, gefolgt von den Worten *ba-an* oder *gar-an*. KUGLER nimmt nun an, daß der in den Schlußzeilen genannte Monat der Abrechnungsmonat sei und daß die Zahl die Anzahl der voraufgegangenen Monate angebe, während deren die im

Texte angegebene Arbeit geleistet sei, die im Texte angegebenen
Materialien geliefert seien usw. Die Abrechnung beginne, von
wenigen Ausnahmen abgesehen, mit Jahresanfang. Dagegen
hat nun BARTON, gestützt auf ein umfangreiches neuveröffent-
lichtes Material, mit Recht eingewandt, daß die einzelnen Monate
in Begleitung ganz verschiedener Zahlen auftreten. Damit ist
aber der letzte Teil des Prinzips (Beginn der Abrechnung mit
Jahresanfang) widerlegt, da die Ausnahmen bei weitem über-
wiegen würden, und die Anwendung des Prinzips auf die Feststellung der Reihenfolge der Monate unmöglich gemacht[1]. Wir
tappen also in diesem Punkte vorläufig weiter im Dunkeln.
Nur die Stellung von zwei Monaten dürfte zu bestimmen möglich sein[2]. Der erste Monat des Jahres ist wohl sicher, wie
auch KUGLER, LANGDON und BARTON annehmen, der ^{itu}*Ezen-*
^{d}*Ba-ú*. Trotz KUGLER (a. a. O., S. 212) scheinen mir die Angaben bei Gudea, Statue E 5, 1f. (THUREAU-DANGIN, VAB I,
S. 80f.) und G 3, 5f. (ib., S. 84f.) beweiskräftig. Dort wird
ausdrücklich das „Fest der Bau" (*ezen* ^{d}*Ba-ú*), d. h. das Vermählungsfest der Bau und des Ningirsu, als *ud-zag-mu* „Neujahrstag" bezeichnet[3]. Danach erscheint es mir zweifellos, daß der
^{itu}*Ezen-*^{d}*Ba-ú* die erste Stelle im Monatssysteme des präsargonischen Kalenders einnahm, und so kommen wir endlich
zu unserem Probleme. Es gilt nun festzustellen, wann das
„Fest der Bau" gefeiert wurde, und damit den Anfang des
Jahres in jener alten Zeit festzulegen. Das läßt sich auf verschiedenen Wegen erreichen. Zunächst ist allgemein bekannt,
daß die Göttinnen Bau und Gula identisch sind (vgl. BRÜNNOW
Nr. 122); beide werden als Gattinnen des Ningirsu-Ninib be-
zeichnet. Nun hat die Göttin Gula den ausgesprochenen
Charakter einer Unterweltsgöttin[4]. Ihr Fest wird daher in die
Jahreszeit fallen, die nach babylonischer Lehre der Unterwelt
entspricht, also in den Winter. Dazu paßt vorzüglich, daß im
Wassermann, dem eigentlichen Gestirne des babylonischen
Winters, die Göttin Gula sich offenbart. Und wenn man weiter

---

[1]) Das Prinzip selbst bleibt meines Erachtens eben bis auf den
Schlußpassus richtig.   [2]) Für den einen, den ^{itu}*Ezen-*^{d}*Ba-ú*, vgl. die
folgenden Ausführungen, für den anderen, *itu mul-bàr-sag-e-tu-šub-ba-a-a*,
s. oben S. 1f.   [3]) Man bedenke dabei nur, daß Gudea ebenso wie
Lugalanda und Urukagina vor ihm Patesi von Lagaš war und daß in der
Zwischenzeit der Kalender am gleichen Orte kaum eine Änderung erfahren
haben dürfte.   [4]) Vgl. JEREMIAS, HAOG, S. 117, 278.

vernimmt, daß zu der hier in Betracht kommenden Zeit, also um —2900, der Wintersonnenwendpunkt im Aquarius lag (in der Nähe von γ Aquarii), so dürfte man daraus schon mit hoher Wahrscheinlichkeit den Schluß ziehen können, daß es sich bei dem „Feste der Bau“ eben um ein Wintersonnenwendfest handelt[1]. Das „Fest der Bau“ wird bei Gudea als „Vermählungsfest der Bau und des Ningirsu“ charakterisiert. Da nun Bau-Gula, wie alle babylonischen Göttinnen, nur eine Erscheinungsform der Ištar ist und Ningirsu, der dem Ninib entspricht, in der babylonischen Lehre klar als Tammuzgestalt erscheint[2], so dürfte es sich aller Wahrscheinlichkeit nach um ein Ištar-Tammuz-Fest handeln. Dazu passen vortrefflich die Angaben eines Hymnus, den RADAU im *Hilprecht Anniversary Volume*, p. 391ff. (und pl. IIff.) veröffentlicht hat. Es ist ein Hymnus auf das Vermählungsfest der *Nin-an-si-an-na* (= Ištar) und des *Ama-ušumgal-an-na* (= Tammuz), und dieses Fest wird wieder als *ud-zag-mu-ŭg* „Neujahrstag“ bezeichnet. Nach den obigen Ausführungen dürfte wohl kaum ein Zweifel sein, daß es mit dem „Feste der Bau“ identisch ist. Wir haben hier also den ausdrücklichen Beweis dafür, daß es sich tatsächlich um ein Ištar-Tammuz-Fest handelt. Ist dem aber so, dann kann natürlich nur ein Sonnenwendfest in Betracht kommen[3], und nach dem, was ich oben dargelegt habe, ist nur ein Wintersonnenwendfest möglich[4]. Damit ist meines Erachtens der geschlossene Beweis erbracht, daß das Jahr des präsargonischen Kalenders um die Zeit der Wintersonnenwende seinen Anfang nahm. Die Wintersonnenwende fiel im Jahre —2900 auf das Datum Januar 13, 3939 (jul. Dat.). Damit ist zugleich die Zeit für den m i t t l e r e n Jahresanfang im präsargonischen Kalender gegeben.

Kein Zufall dürfte es sein, daß auch im ältesten semitisch-babylonischen Kalender, den wir kennen, der Jahresanfang in

---

[1]) Diese meine Anschauung hat LANGDON bereits in PSBA 1913, p. 49 mitgeteilt. Nach den dortigen Ausführungen hat sich der Astronom FOTHERINGHAM in ähnlichem Sinne ausgesprochen. Übrigens habe ich in meinem Briefe an LANGDON natürlich nicht das Datum Dezember 21 für das Wintersolstitium angegeben, wie man nach seinen Mitteilungen glauben könnte. Dasselbe fiel um —2900 viel später.   [2]) Vgl. ZIMMERN, *Der babylonische Gott Tamūz*, S. 717; JEREMIAS, HAOG, S. 278.   [3]) Vgl. JEREMIAS, a. a. O., S. 265.   [4]) Vielleicht darf man auch noch darauf aufmerksam machen, daß Tammuz Züge trägt, die ihn als solare Gottheit kennzeichnen. Dazu wäre dann zu beachten, daß die Wintersonnenwende nach alter Anschauung als Haupttermin im Jahreslaufe der Sonne, als ἡλίου γενέθλιον, gilt.

die Zeit der Wintersonnenwende fällt. Dieser Kalender ist zuerst aus den sogenannten kappadokischen Urkunden bekannt geworden, ist aber auch in Assyrien bis ins neunte Jahrhundert herab in Geltung gewesen. Das Material darüber habe ich vollständig in *Babyloniaca* VI, p. 172 ff. gesammelt[1]; dort ist auch die Stellung der meisten Monate innerhalb des Jahres mit Hilfe der Liste V R 43 festgelegt worden. Inzwischen ist es mir gelungen, eine vollständige Liste der Monate dieses Kalenders aufzufinden; die Reihe der Monate sieht danach folgendermaßen aus[2]:

1. *arah Mu-hur-ilê*[pl]	7. *arah Li-ki-i-ti*
2. *arah* [il]*Sin*	8. *arah ša Ki-na-te*
3. *arah Ku-zal-li*	9. *arah A-bu-šarrâni*[pl-ni][3]
4. *arah Al-la-na-a-ti*	10. *arah Hi-bur*[4]
5. *arah* [il]*Bêlit-ekalli*	11. *arah BU*
6. *arah ša Sa-ra-a-ti*	12. *arah Kar-ra-a-ti*

Schaltmonat: *arah Tan-war-tu*

Der erste Monat heißt *Mu-hur-ilê*[pl] „Gegenüberstehen der Götter". Der Name ist sicher astronomisch zu fassen und bezieht sich auf einen Zeitpunkt, da sich Mond und Sonne auf den Wendepunkten der Ekliptik gegenüberstehen, also auf das Sommer- oder Wintersolstitium. Daß von diesen beiden hier nur das Wintersolstitium in Betracht kommen kann, beweisen aufs klarste einige der übrigen Monatsnamen, welche auf die Ab- und Zunahme des Lichttages oder der Nacht Bezug nehmen (vgl. *Babyloniaca* VI, p. 176 ff.).

---

[1]) Die dort voraufgehende Erklärung des griechischen Textes (Sampsuchares) kann ich nach den Ausführungen von KLAUBER und LANDSBERGER in ZA XXVIII, S. 61 ff. natürlich nicht mehr aufrecht erhalten. Die Verfasser haben mich dort S. 65 übrigens durchaus mißverstanden, wenn sie meinen, ich hätte durch die Bezeichnung des Kalenders als „semitisch-hethitisch" behaupten wollen, die Namen der hethitischen Monate seien hethitisch. Aus meinen Ausführungen ging doch für den aufmerksamen Leser klar genug hervor, daß ich ganz im Gegenteil den Kalender als semitischen Kalender im Lande der Hethiter bezeichnen wollte.   [2]) In dieser Liste fehlt merkwürdigerweise der in einem kappadokischen Texte genannte *arah Zi-zu-im* (s. *Babyloniaca* VI, p. 173). Liegt hier etwa nur eine falsche Lesung vor? (vgl. aber HROZNÝ, *Das Getreide im alten Babylonien*, S. 59, 83).   [3]) Identisch mit dem *arah Àb-ša-ra-nu* der kappadokischen Urkunden (s. *Babyloniaca* VI, p. 173). [4]) Findet sich auch sonst in altassyrischen Texten.

Da also sowohl jener alte sumerische wie dieser semitisch-babylonische Kalender das Jahr mit der Wintersonnenwende beginnen, kann ein Zusammenhang schon a priori kaum geleugnet werden. Es wäre aber noch zu untersuchen, ob das zeitlich möglich ist. Für den sumerischen Kalender ergibt sich als mittlere Zeit das Jahr — 2900. Die einzelnen Monate des semitischen Kalenders werden zuerst in den kappadokischen Urkunden genannt, deren älteste, sicher datierbare aus der Zeit des Königs Ibi-Sin (um 2325 v. Chr.) stammt[1]. Es dürfte als sicher anzunehmen sein, daß der Kalender aber noch wesentlich älter ist, und nichts die Annahme ausschließen, sein ältestes Vorkommen in die Zeit jenes sumerischen Kalenders hinaufzurücken. Einem zeitlichen Zusammenhang der beiden Kalender steht also nichts im Wege. Ist aber auch ein örtlicher möglich? Wie gesagt, trifft man den semitischen Kalender zuerst in den kappadokischen Texten an. Diese kappadokischen Texte sind gefunden worden in dem Hügel Kültepe bei dem Dorfe Kara-üjük und in der untersten Schicht von Bogbaz-Köi. Beide Orte liegen dicht beieinander im Herzen Kleinasiens, im Zentrum des Hethiterlandes. Wie ist der semitische Kalender dorthin gelangt? Die in den kappadokischen Texten auftretenden Personen tragen zum größten Teil rein semitische Namen. Die Annahme ist also nicht zu umgehen, daß in einer sehr alten Zeit (jedenfalls vor Ibi-Sin) ein großer Stamm babylonischer Semiten in Kleinasien eingewandert ist und sich in jenem von Hethitern bewohnten Gebiete niedergelassen hat[2]; dazu paßt auch durchaus, daß noch bis in späte Zeit jene Gegend von den Griechen Ἀσσυρία genannt wurde (s. *Babyloniaca* VI, 172, Anm. 1). Mit der babylonischen Kultur brachten die Einwanderer natürlich auch den Kalender ihrer Heimat mit, der im fremden Lande

---

[1] Vgl. Thureau-Dangin, RA VIII, p. 142 ff.   [2] Das häufige Vorkommen des Gottesnamens Ašur in den Personennamen berechtigt keineswegs, von einer „assyrischen Kolonie" zu sprechen, wie das noch Klauber und Landsberger, ZA XXVIII, S. 65 tun. Nach den obigen Ausführungen dürfte klar sein, daß dieser Ausdruck überhaupt ein Anachronismus ist, denn die semitische Kolonie am Halys ist doch wohl ebenso alt wie die semitische Kolonie im späteren Assyrien. Was den Gott Ašur betrifft, so konnte ich bisher zu keinem festen Resultate kommen. Ist er der Hauptgott jenes semitischen Volkes gewesen, das sich an zwei verschiedenen Ecken des Hethiterlandes angesiedelt hat? Zu den obigen Ausführungen vgl. nun auch die glänzenden Darlegungen H. Wincklers in MVAG 1913, 4, S. 68 ff.

wohl bald allgemeine Gültigkeit gewann[1]. Die Assyrer gehören meines Erachtens der gleichen Völkerwelle an; sie sind ein zweiter Keil, der in den Südostflügel des Hethitergebietes getrieben wurde. Entspricht das, wie ich bestimmt glaube, den Tatsachen, so kann es nicht wundern, wenn wir bei ihnen den gleichen Kalender vorfinden wie bei den Semiten am Halysflusse. Jedenfalls aber dürfte die eigentliche Heimat dieses Kalenders Babylonien sein, womit alle Bedenken zeitlicher wie örtlicher Natur gegen einen Zusammenhang dieses semitischen Kalenders mit dem sumerischen schwinden. Daß beide mit der Wintersonnenwende beginnen, findet dann seine einfache und zwanglose Erklärung in einer Beeinflussung des semitischen Kalenders durch den sumerischen[2].

Ich gehe nun zu dem Kalender über, der in Babylonien zur Zeit der Dynastie von Ur (etwa 2423—2312 v. Chr.) im Gebrauche war. Hier sind die Schwierigkeiten besonders groß. Kennen wir doch aus dieser Zeit bisher nicht weniger als vier verschiedene Monatsreihen (zusammengestellt *Memnon* VI, S. 71, s. auch weiter unten die Tabelle), die in Lagaš, Nippur, der unter dem Trümmerhügel Drehem begrabenen Stadt und in Umma im Gebrauche waren. Da also danach jeder babylonische Kleinstaat seinen eigenen Kalender hatte, so möchte man gewiß zunächst der Annahme zuneigen, daß jeder dieser Kalender seinen eigenen, von den anderen vielleicht abweichenden Jahresanfang und seinen eigenen Schaltzyklus hatte. Indessen sind die Schaltjahre in allen vier Städten die gleichen (s. unten S. 78 ff.). Hier wäre nun zu untersuchen, wie es mit dem Jahresanfang steht. Darüber gingen bisher die Ansichten vollständig auseinander; KUGLER verlegte ihn in den August (SSB II, 1, S. 176 ff.), THUREAU-DANGIN in den April, bzw. Mai (RA VIII, p. 88), LANGDON in den August-September (*Archives of Drehem*, p. 7 ff.) und KUGLER jetzt in den Mai-Juni (SSB, *Ergänzungsheft*, S. 140).

---

[1]) Wie lange er dort im Herzen des Hethiterlandes Gültigkeit gehabt hat, kann heute schwerlich entschieden werden. Aus den Boghazköi-texten kenne ich nur einen Monatsnamen, der mit diesem semitischen Kalender nichts zu tun hat; er lautet: *araḫ* Šá-ri-ši (oder etwa *araḫ ša ri-ši* „Monat des Anfangs"??)   [2]) Ist es ein Zufall, daß auch der älteste chinesische Kalender mit der Wintersonnenwende beginnt (s. GINZEL, *Handbuch der Chronologie* I, S. 471) und daß bei einem indischen Kalender das gleiche der Fall ist? Und ist kein Zusammenhang möglich zwischen jenem altsemitischen Kalender in Kappadokien und dem späteren kappadokischen Kalender, die beide mit der Wintersonnenwende beginnen?

Ich selbst bin für die Annahme eingetreten, daß das Jahr etwa
mit dem Frühlingsäquinoktium, also im April, begann (*Memnon*
VI, S. 73). Ein unveröffentlichter Text gestattet jetzt, die Streitfrage mit Sicherheit zu entscheiden. Es wird dort berichtet,
an welcher Stelle des Jahres während der Dynastie von Ur,
der ersten babylonischen Dynastie und der Kaššûdynastie der
Schaltmonat eingefügt würde. Und da heißt es nun, daß zur
Zeit der Dynastie von Ur ein *itu Bar-zag-gar II^{kam}* eingeschaltet wurde. Das soll bedeuten, daß d e r S c h a l t m o n a t
a u f d e n e r s t e n M o n a t d e s J a h r e s f o l g t e. Wenn wir
nun zunächst die drei hauptsächlichen Monatsreihen betrachten,
die von Lagaš, Drehem und Umma, so ist der Schaltmonat
dort der *itu Dir-še-kin-kud*. Der voraufgehende Monat ist
der *itu Še-kin-kud*, der also in allen drei Reihen an die Spitze
zu treten hat. Die Reihen sehen dann folgendermaßen aus:

Nr.	Lagaš	Drehem [1]	Umma
1.	*itu Še-kin-kud*	*itu Še-kin-kud*	*itu Še-kin-kud*
1 a.	*itu Dir·še-kin-kud*	*itu Dir-še-kin-kud*	*itu Dir-še-kin-kud*
2.	*itu Še-il-la*	*itu Maš-dŭ-kù*	*itu Síg-giš i-šub-ba-gar*
3.	*itu Gan-maš*	*itu Šeš-da-kù*	*itu Še-kar-ra-gál-la*
4.	*itu Ḫár-rá-ne-mú-mú*	*itu Ū-ne-kù*	*itu x*
5.	*itu Ezen-ᵈ Ne-šú* [2]	*itu Ki-sig-ᵈ Nin-a-zu*	*itu Inanna*
6.	*itu Šú-numun*	*itu Ezen-ᵈ Nin-a-zu*	*itu Šú-numun*
7.	*itu Ezen-Dim-ku* [3]	*itu A-ki-ti*	*itu Min-ab*
8.	*itu Ezen-ᵈ Dumu-zi*	*itu Ezen-ᵈ Dun-gi*	*itu Ê-itu-àš*
9.	*itu Ur* [4]	*itu Šú-eš-ša* [5]	*itu ᵈ Ne-šú*
10.	*itu Ezen-ᵈ Ba-ú*	*itu Ezen-maḫ*	*itu Ezen-ᵈ Dun-gi*
11.	*itu Mu-šu-dŭ*	*itu Ezen-An-na*	*itu Kúr-ú-e*
12.	*itu Amar-a-a-si* [6]	*itu Ezen-me-ki-gál*	*itu ᵈ Dumu-zi*

[1]) Diese Monatsreihe findet sich auch genau in der oben gegebenen
Reihenfolge in der Monatsliste V R 43, erste Reihe der einzelnen Ab-
schnitte.	[2]) Oder nur *itu ᵈ Ne-šú*.	[3]) Oder nur *itu Dim-ku*.	[4]) Mit
Dungi tritt dafür der Name *itu Ezen-ᵈ Dun-gi* ein.	[5]) Mit Gimil-Sin tritt
dafür der Name *itu Ezen-ᵈ Gimil-Sin* ein, wie ein unveröffentlichter Text
beweist, der folgende Monate aufzählt: *itu Ū-ne-kù*, *itu Ki-sig-ᵈ Nin-a-zu*,
itu A-ki-ti, *itu Ezen-ᵈ Dun-gi*, *itu Ezen-ᵈ Gimil-ᵈ Sin*, *itu Ezen-maḫ*, *itu Ezen-
An-na*, *itu Ezen-me-ki-gál*. Danach ist LANGDON, *Archives of Drehem*, p. 17,
n. 2 und KUGLER, SSB, *Ergänzungsheft*, S. 137 zu verbessern.	[6]) Der
itu Amar-a-a-si ist also der letzte Monat. Dadurch dürfte sich meine Erklärung von P 284 (s. OLZ 1912, Sp. 392f.) doch wohl als richtig erweisen,
da man im letzten Monat wohl schon die Datierungsformel für das folgende
Jahr gewußt haben kann (vgl. jetzt auch THUREAU-DANGIN, RA XI, p. 91).

Die Frage, in welche Zeit der Anfang des Jahres fiel, läßt sich nun auf folgendem Wege entscheiden. Die erste Monatsreihe gehört dem Kalender von Lagaš an. Der oben besprochene sumerische Kalender aus der Zeit des Lugalanda und Urukagina galt in der gleichen Stadt. Er begann mit dem *itu Ezen-ᵈBa-ú*. Und nun findet sich auch in unserer Monatsreihe hier ein *itu Ezen-ᵈBa-ú*. Es ist nicht anzunehmen, daß das „Fest der Bau" im Laufe der Jahrhunderte großen zeitlichen Schwankungen unterworfen gewesen ist, und so dürfte es sich auch hier um ein Wintersonnenwendfest handeln. Das Wintersolstitium fiel im Jahre — 2400 auf das Datum Januar 9, 7791 (jul. Dat.). Der Anfang des Monats *itu Ezen-ᵈBa-ú* ist also durchschnittlich auf den 10. Januar anzusetzen. Der Anfang des Jahres würde dann drei Monate später, also etwa auf den 10. April fallen. Das ist aber für das Jahr — 2400 das Datum des Frühlingsäquinoktiums (genau April 10, 9216 jul. Dat.). Damit wäre also bewiesen, daß zur Zeit der Dynastie von Ur das Jahr durchschnittlich mit dem Frühlingsäquinoktium begann.

Es kann nun hier nicht unsere Aufgabe sein, zu untersuchen, wie sich die einzelnen Monate zu diesem Jahresanfang verhalten. Das muß einer größeren Arbeit vorbehalten bleiben. Über den zweiten Schaltmonat des Kalenders von Drehem, den *itu Dir-ezen-me-ki-gál,* spreche ich unten bei Behandlung des Problems der Schaltung in Babylonien noch ausführlich.

Die vierte Monatsreihe gehört dem Kalender von Nippur an. Die Namen der Monate sind mit denen identisch, die von der Zeit der ersten babylonischen Dynastie an bis in die Spätzeit in Babylonien allgemein gebräuchlich waren:

1.	*itu Bar-zag-gar*	7.	*itu Dul-azag*
2.	*itu Gú-si-sá*	8.	*itu Uru-dŭ-a* [2]
3.	*itu Síg-ga* [1]	9.	*itu Gan-gan-na*
4.	*itu Šú-numun*	10.	*itu Ab-ba-è*
5.	*itu Bil-bil-gar*	11.	*itu Aš-a-an*
6.	*itu Kin-ᵈInanna*	12.	*itu Še-kin-kud*

Der *itu Bar-zag-gar* entspricht dabei dem *itu Še-kin-kud* der oben behandelten drei Reihen. Der Schaltmonat würde hier ein zweiter *itu Bar-zag-gar* sein; für diesen Kalender ist also

---

[1] Eine unveröffentlichte Tafel bietet dafür *itu Si-ga*.   [2] Daß so zu lesen ist, werde ich in meinem *Handbuche* I mit Hilfe eines unveröffentlichten Textes zeigen.

die oben zitierte Textstelle wörtlich zu nehmen. Freilich besitzen wir aus der Zeit der Dynastie von Ur noch keinen Text, der nach einem *itu Bar-zag-gar II kam* datiert ist[1]; aber gerade von den Texten aus Nippur sind nur sehr wenige hierher gehörige publiziert[2]. Übrigens dürfte man bereits unter der Dynastie von Ur die Methode gekannt und ausgeübt haben, die später zu alleiniger Geltung gelangte, nämlich hinter dem letzten Monat zu schalten (also einen *itu Dir-še-kin-kud* einzufügen)[3], genau so, wie man in Drehem zwei verschiedene Schaltmodi kannte (darüber unten mehr).

Unter der ersten Dynastie von Babylon finden wir den gleichen Kalender im Gebrauch, den wir eben aus Nippur kennen gelernt haben, und er gewinnt von jetzt ab allgemeine Geltung in Babylonien bis in die späteste Epoche. Die Zeit von der ersten Dynastie an kann also hier unter ein und demselben Gesichtspunkte betrachtet werden.

KUGLER hat in SSB II, S. 299 ff. und *Ergänzungsheft*, S. 6f. nachzuweisen versucht, daß „das Sonnenjahr in alter Zeit (um 2000 v. Chr.) mit dem heliakischen Aufgang des Aldebaran (α Tauri), im 5. Jahrh. v. Chr. mit dem heliakischen Aufgang von α Arietis begann ... Der Eintritt der Sonne in den Frühlings- oder Herbstpunkt hatte für den babylonischen Kalender gar keine Bedeutung" (*Ergänzungsheft*, S. 16f.). Danach wäre also um — 2000 der mittlere Jahresanfang auf den 9. Mai (jul. Dat.), um — 500 auf den 9. April (jul. Dat.) gefallen. Die Daten für das Frühlingsäquinoktium sind für — 2000: April 7, 7068 (jul. Dat.) und für — 500: März 26, 7285 (jul. Dat.). Die Differenzen würden also 32 bzw. 14 Tage betragen, und

---

[1]) Aus der Zeit des Abi-ešuḫ, des achten Königs der 1. Dynastie von Babylon, kennen wir einen Text, der nach einem *itu Bar-zag-gar II kam* datiert ist; er ist publiziert CT VIII, 27 (Bu. 91, 5—9, 320). Einen zweiten Nisan kennt auch die Hemerologie K 2154 + 4101 (BEZOLD, *Catalogue* II, p. 450).   [2]) Die von MYHRMAN in BEUP III, 1 publizierten Geschäftsurkunden stammen durchaus nicht alle aus Nippur, wie man aus den Monatsnamen mit Sicherheit erkennen kann; so stammen z. B. die Nr. 136 und 152 aus Lagaš, die Nr. 17. 32. 34. 45. 46. 81. 93. 94. 116 aus Drehem und die Nr. 13. 83. 84. 111. 114. 143 aus Umma. Wie reimt sich das mit den Mitteilungen bei MYHRMAN, p. 9 zusammen?
[3]) MYHRMAN hat a. a. O. unter Nr. 1 und 2 zwei Texte publiziert, die nach einem *itu Dir-še-kin-kud* datiert sind. Nach dem in der vorigen Anmerkung festgestellten Tatbestande muß es allerdings zweifelhaft bleiben, ob die beiden Urkunden wirklich aus Nippur stammen.

der mittlere Jahresanfang hätte in der Tat mit dem Frühlingsäquinoktium nichts zu tun. Prüfen wir nun diese Aufstellungen KUGLERS auf ihre Richtigkeit. Wir sahen oben, daß der gleiche Kalender, der zur Zeit der Dynastie von Ur noch auf das Gebiet von Nippur beschränkt war, dort durchschnittlich mit dem Frühlingsäquinoktium begann. Ist es wahrscheinlich, daß man wenige Jahrhunderte später in dem gleichen Kalender den Anfang des Jahres auf einmal nach dem heliakischen Aufgange des Aldebaran, der etwa einen Monat nach dem Äquinoktium stattfand, bestimmt hat? Andererseits aber ist die Behauptung, daß um — 500 der heliakische Aufgang von α Arietis als mittlerer Jahresanfang angesehen wurde, sicher verkehrt. Sie stützt sich hauptsächlich auf die unhaltbare Annahme, die Angaben der in CT XXXIII, pl. 1 ff. veröffentlichten Sternliste bezögen sich auf das fünfte vorchristliche Jahrhundert. In der Tat läßt sich die ganze Streitfrage mit Hilfe der neuen Sternliste entscheiden; das daraus zu gewinnende Resultat weicht allerdings von dem KUGLERS völlig ab.

In dem Texte Br. M. 86378 (CT XXXIII, 1 ff.) finden wir Kol. II, 43 und Kol. III, 2 und 9 folgende Angaben:

15. Tammuz: *4 ma-na EN-NUN ûme^me 2 ma-na EN-NUN mûši*
15. Tešrit: *3 ma-na EN-NUN ûme^me 3 ma-na EN-NUN mûši*
15. Ṭebet: *2 ma-na EN-NUN ûme^me 4 ma-na EN-NUN mûši*

Nach Analogie ist dazu zu ergänzen:

15. Nisan: *3 ma-na EN-NUN ûme^me 3 ma-na EN-NUN mûši*

Diese vierte Angabe findet sich auch tatsächlich auf der zweiten Tafel der Serie ⸢*kakkab* APIN⸣ im Verein mit den drei anderen genannt. In meinem *Handbuche* I, S. 43 f. habe ich nun nachzuweisen versucht, daß *1 ma-na* = 4^h sei und daß es sich hier um die Äquinoktien und die Solstitien handle. Die gleiche Erklärung hat BEZOLD, *Zenit- und Äquatorialgestirne*, S. 54 gegeben. Ganz anders dagegen KUGLER. Da bei einer Auffassung der obigen Angaben, wie ich und BEZOLD sie vertreten, seine ganze Theorie über den Jahresanfang sich als unhaltbar herausgestellt hätte, so behauptet er (SSB, *Ergänzungsheft*, S. 88 f.)[1], *1 ma-na* sei = 16^m und *EN-NUN ûmi*

---

[1] Über die anderen Texte, die KUGLER dort gemeinsam mit den obigen Textstellen behandelt hat, s. unten Beigabe I (S. 82 ff.).

bezeichne die Zeit zwischen Sonnenaufgang und Monduntergang, *EN-NUN mûši* die Zeit zwischen Sonnenuntergang und Mondaufgang. Schon a priori dürfte bei dieser Erklärung eins stutzig machen: ist es überhaupt denkbar, anzunehmen, daß die Bezeichnung „Nacht w a c h e", bzw. „Tag w a c h e", womit sonst eine Zeitspanne von 4^h gemeint ist, in zweiter Linie auch noch für die kurze Zeit von 16^m geprägt wurde? Indessen wäre das keine vollgültige Widerlegung KUGLERS. Dieselbe ist indessen mit Hilfe eines unveröffentlichten Textes leicht genug. Es heißt dort:

— *ina* ^{arab}*Nisanni ûmu XV*^{kan} *3 ma-na*[1] *ûmi*^{mi} *3 ma-na EN-NUN mûši*

    1 ina 1 ammatu ṣillu 2$^1/_2$ *bêru ûmu*^{mu}
    2 ina 1 ammatu ṣillu 1 bêru 7 UŠ 30 GAR ûmu^{mu}
    3 ina 1 ammatu ṣillu $^2/_3$ *bêru 5 UŠ ûmu*^{mu}

— *ina* ^{arab}*Du'ûzi ûmu XV*^{kan} *4 ma-na EN-NUN ûmi*^{mi} *2 ma-na EN-NUN mûši*

    1 ina 1 ammatu ṣillu 2 bêru ûmu^{mu} *2 ina 1 ammatu ṣillu 1 bêru ûmu*^{mu}
    3 ina 1 ammatu ṣillu $^2/_3$ *bêru ûmu*^{mu} usw.

— *ina* ^{arab}*Tešrîti ûmu XV*^{kan} *3 ma-na EN-NUN ûmi*^{mi} *3 ma-na EN-NUN mûši*

    1 ina 1 ammatu ṣillu 2$^1/_2$ *bêru ûmu*^{mu}
    2 ina 1 ammatu ṣillu 1 bêru 7 UŠ 30 GAR ûmu^{mu}
    3 ina 1 ammatu ṣillu $^2/_3$ *bêru 5 UŠ ûmu*^{mu}

— *ina* ^{arab}*Ṭebêti ûmu XV*^{kan} *2 ma-na EN-NUN ûmi*^{mi} *4 ma-na EN-NUN mûši*

    1 ina 1 ammatu ṣillu 3 bêru ûmu^{mu} *2 ina 1 ammatu ṣillu 1*$^1/_2$ *bêru ûmu*^{mu}
    3 ina 1 ammatu ṣillu 1 bêru ûmu^{mu} usw.

Es handelt sich hier, wie man auf den ersten Blick erkennen dürfte, um Gnomonbeobachtungen[2]. Der Gnomon ist

---

[1] *EN-NUN* fehlt hier, wie auch sonst in unveröffentlichten Texten.
[2] Hier wäre also zum ersten Male die Kenntnis des Gnomons bei den Babyloniern keilinschriftlich bezeugt und Herodots Angabe bestätigt, daß die Griechen den Gnomon von den Babyloniern übernahmen.

bekanntlich ein genau senkrecht aufgestellter Stab, aus dessen
Schattenlänge man sowohl die ungefähre Tageszeit als auch
die ungefähre Jahreszeit ablesen kann, kurz er stellt eine
primitive Sonnenuhr dar. Die zweite Zeile des ersten Abschnittes ist nun z. B. zu fassen:

„1 Elle[1] ist der Schatten um 5^h des Tages (d. h. 11^h vor-
mittags)[2] lang."

Damit dürfte der ganze Text ohne weiteres klar sein[3].
Für unsere Zwecke hier ist vor allem wichtig, daß die Angaben des ersten und des dritten Abschnittes (15. Nisan und
15. Tešrit) vollständig übereinstimmen. Zwischen beiden Daten
liegen 180^d, d. h. ein halbes Jahr[4]. Daß dann für beide
Daten die Gnomonbeobachtungen völlig gleich
sind, ist nur möglich, wenn es sich um die
Äquinoktien handelt. Läge dagegen das Frühlingsäquinoktium, wie KUGLER annimmt (SSB, *Ergänzungsheft*, S. 89),
etwa einen Monat vor dem 1. Nisan, so würden die gleichen
Schattenlängen nur für ein Datum passen, das etwa einen
Monat dem Herbstäquinoktium voranginge. Die zeitliche
Distanz zwischen beiden Daten könnte dann nur etwa 120^d
betragen. Das sichere Resultat ist also: in der Sternliste
Br. M. 86378 ist der 15. Nisan mit dem Frühlingsäquinoktium,
der 15. Tammuz mit dem Sommersolstitium, der 15. Tešrit mit
dem Herbstäquinoktium und der 15. Tebet mit dem Wintersolstitium identisch[5]. Damit erweisen sich KUGLERS Aufstellungen über den Jahresanfang im fünften Jahrhundert als
unrichtig.

Die Zahlen für die Dauer von Tag und Nacht stimmen für die Solstitien allerdings nicht mit der Wirklichkeit überein. Sie gehen vielmehr
auf die sattsam bekannte Schematisierungswut der Babylonier zurück,
für die wir auch sonst Beispiele haben (s. unten S. 82 ff.). Die Zahlen sind:

Frühlingsäquinoktium:	3 *ma-na* Tag,		3 *ma-na* Nacht		
Sommersolstitium:	4	„	„	2	„	„
Herbstäquinoktium:	3	„	„	3	„	„
Wintersolstitium:	2	„	„	4	„	„

---

[1]) Wörtlich: „1 zu 1 Elle". 1 Elle ist das zugrunde gelegte Normalmaß.
Die gleiche Ausdrucksweise findet sich auch sonst in den Texten (s. DELITZSCH,
HW 85).   [2]) Der Tag beginnt 6^h morgens.   [3]) Eine genaue
Analyse des Textes und des zugrunde liegenden Schemas werde ich in
einer späteren Publikation geben.   [4]) Das Jahr ist, wie auch sonst
meistens, zu 360^d gerechnet.   [5]) Mit Hilfe dieser Gleichungen ist es
dann auch möglich gewesen, das ungefähre Alter des Originals der
Sternliste festzustellen, wozu oben S. 26 zu vergleichen ist.

1 *ma-na* ist = 4^h, der längste Tag würde also für Babylon nach der Angabe des Babyloniers eine Dauer von 16^h, der kürzeste Tag eine Dauer von 8^h haben. In Wirklichkeit beläuft sie sich aber auf 14^h,4, bzw. 9^h,6. Das Verhältnis der Tageslängen von Frühlingsäquinoktium und Sommersolstitium ist für Babylon nicht 3 : 4, wie der Text angibt, sondern 3 : 4,5. Hier ist ganz klar der Bruch fortgelassen, um ein übersichtliches und einfacheres Schema zu erhalten. Den Fehler, der sich dabei ergab, nahm der babylonische Astrologe gern mit in Kauf. Daraus darf aber beileibe kein Schluß auf die babylonische Astronomie gezogen werden (vgl. schon oben S. 14f.).

Weiter ist nun hervorzuheben, daß die Angaben der Sternliste Br. M. 86378 sich durchaus nicht allein auf das fünfte Jahrhundert beziehen[1]. Ich habe oben S. 24 auf unveröffentlichte Duplikate des Textes hingewiesen, die aus dem zweiten Jahrtausend stammen. Die Originalabfassung ist jedenfalls auf —3000 anzusetzen. Dann dürften aber die Angaben des Textes auch für die Zeit der ersten babylonischen Dynastie gelten, wie es überhaupt im höchsten Grade unwahrscheinlich ist, daß in ein und demselben Kalender im Laufe der Jahrhunderte mehrmals bedeutende Verschiebungen des Jahresanfangs vorgenommen wurden. Dazu kommt noch, daß die Berechnung, welche KUGLER (SSB II, S. 299ff.) für die Zeit der ersten babylonischen Dynastie angestellt hat, recht problematisch ist, solange ihr nicht gesichertere Resultate zugrunde gelegt werden können. Das Ergebnis unserer Untersuchung ist mithin: mindestens seit der Ḫammurapizeit fiel im babylonischen Kalender nach durchschnittlicher Rechnung der erste Vollmond (15. Nisan) nach Jahresanfang mit dem Frühlingsäquinoktium zusammen[2]. Andererseits wurde der durchschnittliche Jahresanfang nach diesem Zusammentreffen bestimmt.

Soweit das Schema. In der Praxis wird die zeitliche Differenz zwischen Jahresanfang und Frühlingsäquinoktium natürlich nicht ganz unerheblichen Schwankungen unterworfen gewesen sein. Die Babylonier hatten bekanntlich ein Mondjahr zu 354^d. Fiel nun in einem beliebigen Jahre das Äqui-

---

[1] Überhaupt ist das in CT XXXIII veröffentlichte Exemplar der Sternliste wahrscheinlich erst im dritten vorchristlichen Jahrhundert geschrieben worden (s. THUREAU-DANGIN, RA X, p. 215).   [2] Dieses Resultat hat noch ein anderes gleich interessantes zur Folge: noch heute fällt das Osterfest auf den ersten Sonntag nach Vollmond nach Frühlingsanfang. Diese Rechnung dürfte also wohl sicher auf den alten babylonischen Kalender zurückgehen (vgl. JEREMIAS, HAOG, S. 157).

noktium tatsächlich auf den ersten Vollmond (15. Nisan) nach
Jahresanfang, so fiel es im folgenden Jahre etwa 11^d früher
(also etwa auf den 4. Nisan) und im dritten Jahre wieder etwa
11^d früher (also etwa auf den 23. Adar). Wurde dann ein
Monat von 30^d eingeschaltet, so war damit das alte Datum
(15. Nisan), doch nicht völlig erreicht, sondern es blieb eine
Differenz von etwa — 3^d (d. h. das Äquinoktium fiel ca. auf
den 12. Nisan). Das Frühlingsäquinoktium hat sich also wohl
in einem Zeitraum von ca. 15^d bis 20^d vor und nach dem
Jahresanfang konstant auf und ab bewegt, wobei die Wirklichkeit wohl nicht allzu häufig dem Schema entsprochen haben
dürfte. Ich fasse jetzt noch einmal zusammen: Seit der Dynastie
von Ur ist das Frühlingsäquinoktium im babylonischen Kalender
von ausschlaggebender Bedeutung gewesen. Nach dem Schema
fiel der erste Vollmond nach Jahresanfang (15. Nisan) mit
dem Frühlingsäquinoktium zusammen. Da aber die Babylonier
nach einem Mondjahre rechneten, war das Datum des Äquinoktiums naturgemäß Schwankungen unterworfen und bewegte
sich etwa zwischen den zeitlichen Grenzen 10./15. Adar und
15./20. Nisan hin und her. Die Regelung des Jahresanfangs
nach dem Äquinoktium aber kann nicht mehr bestritten werden.

Damit wäre die Hauptaufgabe, nämlich festzustellen, wann in den
verschiedenen babylonischen Kulturperioden das Jahr begann, erledigt.
Es reihen sich daran aber noch eine Reihe weiterer, wenn auch nicht
gleich wichtiger, so doch gleich interessanter Probleme, die hier wenigstens
kurz gestreift werden mögen. Zwischen dem Jahresanfang (1. Nisan) und
dem Äquinoktium konnte in der Praxis eine Zeit von 0^d bis etwa $\pm$ 20^d
liegen. Es ist schon von vornherein anzunehmen, daß diese Periode in
der babylonischen Kalenderlehre von besonderer Bedeutung war. Das ist
in der Tat der Fall, denn sie ist es, die dem in den Keilschriften häufig
vorkommenden Ausdruck *rêš šatti* entspricht. Daß *rêš šatti* nicht den
ersten Tag des Jahres bezeichnet, geht aus ThR 16, 5—6 klar hervor.
wo es heißt: „In die Monate Adar und Elul kann der *rêš šatti* ebensogut fallen wie in die Monate Nisan und Tešrit" (zur ganzen Inschrift
vgl. oben S. 31). Diese Stelle beweist zunächst, daß der *rêš šatti* mit
dem 1. Tage des Jahres nichts zu tun hat, denn dieser kann natürlich
immer nur der 1. Nisan (bzw. 1. Tešrit bei doppeltem Jahresanfang) sein.
Da nun aber, wie oben festgestellt, das Äquinoktium etwa zwischen dem
10. Adar (bzw. Schaltadar) und dem 20. Nisan hin und her pendeln, die
Zeit zwischen dem Äquinoktium und dem ersten Tage des Jahres also
bald in den Nisan (bzw. Tešrit), bald in den Adar (bzw. Elul) fallen
konnte, so liegt es bei Berücksichtigung all dieser Tatsachen doch wohl
sehr nahe, daß diese Periode zwischen Äquinoktium und Jahresanfang
eben der *rêš šatti* ist. Bewiesen wird diese Annahme aber meines Erachtens durch die Inschrift I R 54, II, 54 ff. (LANGDON, VAB IV, S. 136 f.),

wo vom 8. und 11. Tage der *rêš šatti*-Feier die Rede ist. Mit *rêš šatti* ist also eine Reihe von Tagen gemeint, nicht ein einzelner Tag. Und diese Reihe von Tagen wird, um es nochmals zu wiederholen, der Zeit zwischen dem Äquinoktium und dem Jahresanfang entsprechen.

Dem *rêš šatti* dürfte im altbabylonischen Kalender der *itu dir* entsprechen, wie ich bereits *Memnon* VI, S. 73 vermutet habe. Aus einer sehr umfangreichen Kollektion von Geschäftsurkunden, die, hauptsächlich nach den Monatsnamen zu schließen, sämtlich aus Umma stammen[1], habe ich ihn für die Jahre Dungi 50, 52, 55, 56, 57, Bûr-Sin 1, 2, 4 und Gimil-Sin 1, 3, 6 belegen können (*Memnon* VI, S. 66ff.). Der *itu dir* kann also nicht der Schaltmonat sein, wie man früher annahm, da Dungi 54 und 58 und Bûr-Sin 3 Schaltjahre sind und wir so eine Reihe von neun aufeinander folgenden Schaltjahren für denselben Ort erhielten. Das ist natürlich unmöglich, und deshalb habe ich den *itu dir* mit dem *rêš šatti*, der Zeit zwischen Äquinoktium und Jahresanfang, identifiziert, da ja auch schon zur Zeit der Dynastie von Ur der Jahresanfang nach dem Äquinoktium reguliert wurde. Gegen diese neuen Schlußfolgerungen hat sich nun neuerdings KUGLER gewandt (SSB, *Ergänzungsheft*, S. 125f. und 138f.). Er meint, es handle sich entweder um zwei verschiedene Kalendersysteme, oder aber, der *itu dir* bezeichne einen provisorischen Schaltmonat, falls man noch nicht wußte, ob das betreffende Jahr ein Gemeinjahr oder ein Schaltjahr sein sollte. Die erste Erklärung ist aber ausgeschlossen, da alle Tafeln tatsächlich aus Umma stammen und doch wohl niemand wird annehmen wollen, daß in einer Stadt zwei verschiedene Kalendersysteme im Gebrauche waren. Und daß die zweite Erklärung im höchsten Grade unwahrscheinlich ist, hat KUGLER selbst zugegeben (SSB, *Ergänzungsheft*, S. 139). Der Haupteinwand, den KUGLER gegen meine Auffassung beibringt (a. a. O., S. 126), besteht nun darin, daß nach AO 5665 und 5675 (THUREAU-DANGIN, RA VIII, p. 153) vom *itu Se-kin-kud* bis zum *itu dir* 390^{d} vergehen. Dann müßte also der *itu dir* ein voller Monat sein. Indessen liegt doch hier die Annahme sehr nahe, daß es sich, wie bei dem Geschäftsjahre zu 360^{d}, um eine abgerundete Rechnung handelt. Außerdem konnte doch der *itu dir*, wenn er mit dem *rêš šatti* identisch ist, schon, wenn er innerhalb der gewöhnlichen Grenzen blieb, bis etwa zu 20^{d} anwachsen. Die Differenz würde also nur 10^{d} betragen. Und schließlich ist es doch sehr wohl möglich,

---

[1] Die Kollektion von Ummatafeln, auf die sich meine Angaben im *Memnon* stützten, war tatsächlich, wie KUGLER, SSB, *Ergänzungsheft*, S. 139, annimmt, sehr groß; denn sie umfaßte nicht weniger als fast 10000 Tafeln. Sie kam im Jahre 1911 direkt von Djokha über Bagdad, und ich habe sie damals gemeinsam mit meinem Freunde POHL in wochenlanger Arbeit auf Inhalt und Daten geprüft. Daß alle Tafeln wirklich aus Umma stammten, daran konnte schon aus dem angegebenem Grunde kein Zweifel sein. Von der Kollektion sind damals etwa 200 Tafeln vom Berliner Museum angekauft worden, etwa 50 befinden sich jetzt im Besitze von Professor PEISER, und etwa ein weiteres Dutzend habe ich in anderen deutschen Privatsammlungen wiedergesehen; wo die übrigen geblieben sind, kann ich nicht sagen.

daß die zeitliche Differenz zwischen Äquinoktium und Jahresanfang infolge Nachlässigkeiten in der Schaltung einmal wirklich bis auf 30^d sich erhöhen konnte. Noch im Jahre — 567 beläuft sie sich nach VAT 4956 auf 26^d. Der 1. Nisan fiel in dem genannten Jahre nämlich auf den 22. April, während das Frühlingsäquinoktium bereits am 27. März (genau März 27, 5108 jul. Dat.) eingetreten war. Ich sehe also keinen Grund, der mich veranlassen könnte, meine Erklärung von *itu dir* aufzugeben.

Ein Gestirn, das in dieser *rêš šatti*-Zeit aufging, wird in der babylonischen Astronomie von besonderer Bedeutung gewesen sein, zumal ein Tierkreisgestirn. Das älteste Zeugnis, das mir dafür vorliegt, stammt aus der Zeit Tiglatpilesers I. (zirka 1100 v. Chr.). Da es aber wahrscheinlich auf eine ältere Zeit zurückgeht, wird eine rechnerische Nachprüfung, welches Gestirn in der genannten Zeit etwa aufging, auch für eine ältere Periode anzustellen sein. Da nun die Regulierung des Jahresanfangs nach dem Frühlingsäquinoktium seit der Zeit der Dynastie von Ur nachweisbar ist, habe ich diese Zeit, und zwar das Jahr — 2400, für die Rechnung gewählt. Das Schema läßt das Frühlingsäquinoktium mit dem ersten Vollmond nach Jahresanfang (15. Nisan) zusammenfallen, der *rêš šatti* entspricht also hier der Zeit vom 1. bis 15. Nisan. In der Praxis konnte dagegen, wie bereits mehrmals hervorgehoben, die zeitliche Differenz zwischen Jahresanfang und Äquinoktium von 0^d bis auf $\pm$ 20^d steigen. Der Rechnung waren daher als zeitliche Grenzen: 20^d vor dem Äquinoktium (10. Adar) und 20^d nach dem Äquinoktium (20. Nisan) gegeben. Innerhalb dieser Zeit gingen nun — 2400 vor allem Widder und Cetus auf, wie die folgenden Rechnungsbelege zeigen:

	M	α	δ	$\odot$	d seit Äquin.	jul. Dat.
α Arietis	2,2	334°,80	— 0°,07	347°,34	352°,06	März 28
η Ceti	3,5	318,34	— 33,20	3,97	4,17	April 15
o „	2,5	339,08	— 26,26	14,31	15,04	„ 25

Der gemeinsame Name für Widder $+$ Cetus war nun bei den Babyloniern *kakkab* *DIL-GAN*. Und dieses ist in der Tat das Gestirn, das in den Keilschriften als *rêš šatti*-Gestirn bezeichnet wird. Die Stellen sind: 1) III R 53, 2, 39b (VIROLLEAUD, *Babyloniaca* IV, p. 112, Z. 59): *rêš šatti ša* *kakkab* *DIL-GAN* und 2) Astrolab B, Fixsternkommentar Kol. I, 1ff.: *kakkab* *DIL-GAN* . . . . *kakkabu šuâtu kakkab rêš šatti a-lik pân kakkab-âni*^{pl} *šú-ut* $^{il}\hat{E}$-*a*.

Ich gehe nun zu dem zweiten Probleme über: Nach welchen Prinzipien wurden in Babylonien zu den verschiedenen Zeiten Sonnen- und Mondjahr ausgeglichen? Das ist wohl die schwierigste Frage des babylonischen Kalenders überhaupt, und meine folgenden Ausführungen wollen auch nur ein Beitrag zu ihrer Lösung sein. Etwas Endgültiges kann heute noch nicht gegeben werden.

Sicher ist zunächst, daß man während der Seleukidenära sich eines 19jährigen Schaltzyklus bedient hat (KUGLER,. SSB I, S. 209 ff.). Für die Zeit von 528 bis 504 v. Chr. soll nach KUGLER (SSB I, S. 62, II, S. XII) ein achtjähriger Schalt-

zyklus im Gebrauch gewesen sein. Dieser Annahme hat auch
WEISSBACH (*Hilprecht Anniversary Volume*, S. 285) beige-
stimmt, doch gründet sie sich meines Erachtens nur auf einen
Zufall (s. weiter unten). Prüfen wir nun zunächst, was die Keil-
inschriften selbst über die Schaltungspraxis aussagen: In dem
Texte 81, 7-6, 135 (KUGLER, SSB I, Tafel II, 3 und S. 45 ff.)
heißt es Z. 15 f.: [   ] *ŠI-GAB-A* ša ^{kakkab} *KAK-SI-
DI* 27 *šanâti* ^{pl} [*a-na ár-k*]*i-ka tatâr* ^{ur} *ûmu ana ûmi tammar* „....
die Sichtbarkeitsperiode des Sirius beträgt 27 Jahre. Wende
dich rückwärts und betrachte Tag für Tag". Es handelt sich
hier selbstverständlich um einen Schaltzyklus. Denn der Text
ist so zu verstehen, daß nach Ablauf von 27 Jahren der heliakische Aufgang des Sirius wieder auf das gleiche Datum
fällt. Die Schaltperiode muß vorzüglich genannt werden: Die
Differenz zwischen 27 Sonnenjahren und 27 Mondjahren beträgt 294^d,03, welche durch 10 Schaltmonate (6 zu 29^d, 4 zu 30^d)
bis auf den kleinen Bruchteil von 0^d,03 völlig aufgehoben
wird. KUGLER meint nun (SSB, *Ergänzungsheft*, S. 131), daß
diese 27jährige Periode n a c h 504 v. Chr. in Babylonien im
Gebrauche gewesen sei. Das halte ich aber für ausgeschlossen.
Der von ihm publizierte Text, in dem sich die oben zitierte
Angabe findet, dürfte vielmehr sicher nur eine Abschrift eines
erheblich älteren Originals sein (s. bereits oben S. 13 f.); denn
nicht nur die darin genannten Planeten führen durchgängig die
in der älteren Zeit gebräuchlichen Namen, auch der Sirius
heißt noch ^{kakkab} *KAK-SI-DI*, wie in der Assyrerzeit, während
er sonst in den späten Texten durchgängig als ^{kakkab}*KAK-BAN*
bezeichnet wird. Der Annahme, daß die 27jährige Periode
in der Zeit v o r 504 zu suchen sei, scheint nun aber die Tatsache zu widersprechen, daß sich die aus dieser Zeit bekannten
Schaltjahre in einen solchen Zyklus nicht fügen wollen, d. h.
also, daß sie sich innerhalb des Zyklus in den ein für alle-
mal festgelegten zeitlichen Distanzen nicht wiederholen. Indessen liegt die Erklärung dafür nicht allzu fern: d i e 27-
j ä h r i g e S c h a l t p e r i o d e i s t k e i n s t r e n g f e s t g e-
l e g t e r, s o n d e r n e i n f r e i e r Z y k l u s. Mit anderen
Worten, die Schaltvorschrift lautet nur: innerhalb von 27 Jahren
sind 10 Schaltmonate (6 zu 29^d, 4 zu 30^d) einzufügen, die
Auswahl der Schaltjahre aber bleibt jeweilig dem Astronomen
überlassen. Da dieser sich, wie sogleich gezeigt werden soll,
dabei nach astralen Anzeichen, hauptsächlich Sternaufgängen,

gerichtet hat, so ist es klar, daß die Schaltjahre des einen Zyklus den Schaltjahren eines anderen Zyklus nicht entsprechen. Für die Zeit von 564 bis 500 v. Chr. besitzen wir nun eine fortlaufende Reihe der Schaltjahre (s. WEISSBACH, *Hilprecht Anniversary Volume*, S. 284f. und KUGLER, SSB II, S. XII). Es kann nun leicht gezeigt werden, daß auf 27 Jahre immer 10 Schaltmonate fallen[1]. Die Anfänge der einzelnen Zyklen sind uns noch unbekannt; ich habe im folgenden rein willkürlich die Jahre 562, 535 und 508 als solche angesetzt, um überhaupt einen Vergleich zu ermöglichen. Etwas Sicheres wird erst die Zukunft lehren können[2].

(Anfangsjahr des Zyklus)	(562)	(535)	(508)
	560	533[3]	506
	557	530	503
? 579	555	527	500
	553	525	
	550	522	495
572	546	519	
569	544	517	490
	541	514	
564	537	511	
563	536	509	

Seit welcher Zeit dieser 27jährige Schaltzyklus in Babylonien im Gebrauche gewesen ist, kann heute noch nicht gesagt werden. Jedenfalls dürfte er aber schon in ziemlich alter Zeit eingeführt worden sein. Aufgegeben dürfte man ihn haben mit der Einführung des 19jährigen Zyklus.

Ich sagte oben, die Auswahl der Schaltjahre sei auf Grund astronomischer Beobachtungen erfolgt. Darauf weist schon die Bezeichnung der Schaltperiode als Siriuszyklus hin. Man hat sich doch also wohl auch bei jeder einzelnen Schaltung

---

[1] Die Einfügung eines Schaltadar oder eines Schaltelul war anscheinend auch dem Belieben des Astronomen anheimgegeben. Den Gebrauch beider Schaltmonate finden wir zuerst in der Zeit der ersten babylonischen Dynastie.   [2] In der folgenden Tabelle sind die Jahreszahlen abgekürzt gegeben; das Jahr 579 entspricht dem Jahre 579/8 usw.   [3] Nach KUGLER, SSB II, S. XII war auch das Jahr 532 ein Schaltjahr; das ist aber wohl nur ein Irrtum. Von 533 bis 509 folgen sich die Schaltjahre in den Zwischenräumen 3, 3, 2. KUGLER und WEISSBACH haben daraus eines achtjährigen Zyklus ableiten wollen. Es liegt aber wohl nur ein Zufall vor, da eine so kurze Benutzung dieser Schaltperiode wenig glaublich erscheint. Dann läge ja auch für die Jahre 563 bis 556 der gleiche Zyklus vor, was man doch kaum wird annehmen wollen.

nach der Zeit des heliakischen Aufganges des Sirius gerichtet;
fiel sie sehr früh, so wurde geschaltet, fiel sie normal oder
spät, so wurde nicht geschaltet. Es ist klar, daß, wenn man
so die heliakischen Aufgänge einer Reihe von Sternen beobachtete, man dadurch eine vorzügliche Handhabe gewann, zu
entscheiden, wann eine Schaltung nötig war und wann nicht.
Daß dies die Babylonier tatsächlich getan haben, beweist ein
leider sehr verstümmelter, kleiner Text, den ich hier in Umschrift mitteile[1].

1. [— . . . .] $^{kakkab}KAK$-[SI-DI $innamir$ $šattu$ $šuâtu$ $kênat^{at}$]
2. [— . . . .] $^{kakkab}KAK$-SI-DI $innamir$ $šattu$ $šuâtu$ [$mâlat^{at}$]

3. [— . . . . ^{kakkab}]$ŠÚ$-PA $innamir$ $šattu$ $šuâtu$ [$kênat^{at}$]
4. [— . . . .]$^{kan\ kakkab}ŠÚ$-PA $innamir$ $šattu$ $šuâtu$ [$mâlat^{at}$]

5. [— . . . .] $^{kakkab}Zappu$ u ^{ilu}Sin $LÁL$ $šattu$ $šuâtu$ [$kênat^{at}$]
6. [— . . . $ûmu$] 15 $^{kan\ kakkab}Zappu$ u ^{ilu}Sin $LÁL$ $šattu$ $šuâtu$ [$mâlat^{at}$]

usw.

Der zweite Abschnitt ist z. B. zu fassen: „Wenn an dem
und dem Tage Arktur heliakisch aufgeht, so ist das Jahr ein
richtiges" (d. h. es wird nicht geschaltet). „Wenn an dem und
dem Tage Arktur aufgeht, so ist das Jahr voll" (d. h. es wird
geschaltet). Aus solchen Tabellen über die verschiedenen Auf-
gangszeiten konnte dann der Astronom leicht ersehen, ob eine
Schaltung nötig war oder nicht. Die zweite Tafel der Serie
$^{kakkab}APIN$ bringt weitere solche Angaben mit erklärendem
Texte, doch ist leider hier die Tafel gerade sehr verstümmelt;
ich verweise daher auf meine Publikation des Textes.

Der dritte Abschnitt des oben zitierten Textes erwähnt
eine weitere Möglichkeit, mit deren Hilfe der babylonische
Astronom die Frage, ob geschaltet werden solle, entscheiden
konnte, nämlich die Konjunktion von Plejaden und Mond. Hier
besitzen wir glücklicherweise einen besser erhaltenen Paralleltext, der das genaue Schema festzustellen gestattet. Ich meine
Sm 1907, Z. 9f. (veröffentlicht *Babyloniaca* VII, pl. I und p. 14),
ergänzt durch ein Duplikat, das SAYCE, *Monthly Notices of the
Royal Astronom. Soc.* XXXIX, p. 455 erwähnt. Wir lesen dort[2]:

---

[1] Die Zeilenenden sind ergänzt nach der zweiten Tafel der Serie
$^{kakkab}APIN$ und nach Sm 1907.   [2] Vgl. auch VACh, 2. Suppl.
XIX, 21ff.

9. [— *ina* ^{arab}*Nisanni* *ûmu* *I*]^{kan} ^{kakkab}*Zappu* *u* ^{il}*Sin* *LÁL*
$^{\qquad}$ *šattu* *šuâtu* *kênat*^{át}

10. [— *ina* ^{arab}*Nisanni*] *ûmu* *III*^{kan} ^{kakkab}*Zappu* *u* ^{il}*Sin* *LÁL*
$^{\qquad}$ *šattu* *šuâtu* *mâlat*^{át}

9. Halten sich am 1. Nisan die Plejaden und der Mond die Wage, so ist dieses Jahr ein richtig laufendes.

10. Halten sich am 3. Nisan die Plejaden und der Mond die Wage, so ist dieses Jahr ein volles.

Der Text stammt aus der Zeit um — 700. Vorausgesetzt ist hier, daß die Sonne am 1. Nisan bei dem Frühlingspunkte steht. Aus anderen Texten wissen wir, daß die Babylonier als Dauer der Unsichtbarkeit des Mondes drei Tage annahmen (s. *Babyloniaca* VI, p. 167, Anm. 2 und JEREMIAS, HAOG, S. 76). Wenn der Mond am 1. Nisan erscheint, sind mithin schon $1\,^1/_2$ Tage seit seiner Konjunktion mit der Sonne verflossen, er steht also etwa 18^0 von ihr entfernt. Da die Sonne beim Frühlingspunkte stehend gedacht ist, hat der Mond eine Rektaszension von $+\,18^0$. Für — 700 ist aber die Rektaszension α von η Tauri in den Plejaden $19^0,29$, für — 800 $17^0,99$. Daß Mond und Plejaden am 1. Nisan in Konjunktion stehen, stimmt also für diese Zeit. In Z. 10 ist das Gleiche auf ein Schaltjahr übertragen. Wie man aus der zweiten Tafel der Serie $\mathsf{|}$ ^{kakkab}*APIN* entnehmen kann, ist es als das zweitfolgende Jahr gedacht nach dem in Z. 9 genannten Gemeinjahre. Da in diesem die Sonne am 1. Nisan beim Frühlingspunkte stehen sollte, steht sie zu B e g i n n des dritten Jahres etwa 22^0 davor. Am 3. Nisan würde dann der Mond etwa 40^0 von ihr entfernt sein, d. h. wieder eine Rektaszension von etwa $+\,18^0$ haben, also mit den Plejaden in Konjunktion stehen. Dieses fein durchdachte Schema war natürlich nur in Jahren anwendbar, in denen der 1. Nisan wirklich mit dem Frühlingsäquinoktium zusammenfiel, was ja relativ selten vorkam. Außerdem gilt es in der oben ausgesprochenen Form nur für die neuassyrische Zeit. Für frühere oder spätere Perioden mußten die Tageszahlen natürlich entsprechend verändert werden. Wenn in Z. 6 des oben zitierten Textes aber der 15. Tag eines Monats angegeben ist, so war dort sicher nicht der Nisan, sondern ein anderer Monat genannt. Da dieser leider verloren gegangen ist, kann auch nicht festgestellt werden, für welche Zeit die Angaben der Tafel gelten.

Der oben festgestellte freie Schaltzyklus ist nur aus neubabylonischer Zeit ausreichend inschriftlich zu belegen. Wahrscheinlich galt er auch schon in der Assyrerzeit, ob aber auch noch früher, dies ist eine Frage, die der Zukunft zu beantworten bleibt. Jedenfalls aber kann es meines Erachtens keinem Zweifel unterliegen, daß man sich bereits zur Zeit der Dynastie von Ur und der ersten babylonischen Dynastie eines freien Zyklus mit beliebiger Auswahl einer vorgeschriebenen Zahl von Schaltmonaten bedient hat. Ob bereits etwa in dieser alten Zeit der 27jährige Siriuszyklus vorliegt, kann bei dem so wenig umfangreichen Materiale nicht sicher entschieden werden, wenn ich auch zu bedenken geben möchte, daß bereits zur Zeit Lugalandas und Urukaginas ein Monat nach dem heliakischen Aufgange des Sirius benannt worden ist (s. oben S. 1f.). Für die Zeit Dungis und seiner beiden Nachfolger besitzen wir eine fortlaufende Reihe von Schaltjahren, die sich tatsächlich dem 27jährigen Zyklus einzufügen scheinen: Dungi 52, 54, 56, 58; Bûr-Sin 3, 6, 9; Gimil-Sin 3, 6, 9. Ibi-Sin 1 und 2 sind keine Schaltjahre. Bezeichnen wir Dungi 52 als Jahr I, so ist Ibi-Sin 2 das 27. darauf folgende Jahr, und in diese Zeit fallen in der Tat zehn Schaltmonate. Mit dieser einen Reihe läßt sich aber nichts Sicheres feststellen. Noch trüber liegen die Verhältnisse für die erste babylonische Dynastie; hier besitzen wir nicht einmal eine größere fortlaufende Reihe von Schaltjahren. Wichtig ist aber, daß uns für diese Zeit durch den bekannten Brief Ḫammurapis an Sinidinnam (s. KING, *Letters of Ḫammurabi* III, p. 12 f., JEREMIAS, HAOG, S. 157) die Freiheit in der Auswahl der Schaltjahre innerhalb des Zyklus ausdrücklich dokumentiert wird. Für die Periode von Beginn der Kassitenherrschaft bis auf die neuassyrische Zeit fehlt dann das Material so gut wie vollständig. Diese riesigen Lücken in unserem Wissen bieten der Erforschung des babylonischen Kalenders heute noch schier unüberwindliche Schwierigkeiten. Wenn uns einmal nach Jahrzehnten ein umfangreicheres Material zur Verfügung stehen wird, dann wird man endlich völlig gesicherte Resultate gewinnen können, und es wäre mir eine Freude, wenn sich dann die von mir oben niedergelegten Beobachtungen wenigstens im Grundgedanken als richtig erweisen sollten.

Die Schaltzyklen, die ich im *Memnon* VI, S. 66 ff. für die Zeit der Dynastie von Ur und die Zeit der ersten babylonischen Dynastie nach-

zuweisen versucht habe, muß ich nunmehr aufgeben. Ich will auch
gestehen, daß ich die beiden Hypothesen dort sicherer hingestellt habe,
als sie es bei dem geringen Umfange des Materials sein konnten; das
wird man mir diesmal hoffentlich nicht vorwerfen können. Die Probleme,
die auch nach den obigen Ausführungen auf dem Gebiete der altbabylonischen Schaltungspraxis noch bleiben, sind zahlreich genug. Im fol-

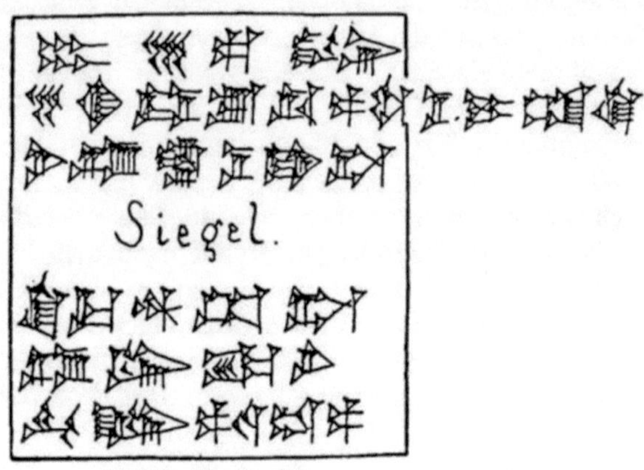

P 310, Vorderseite.

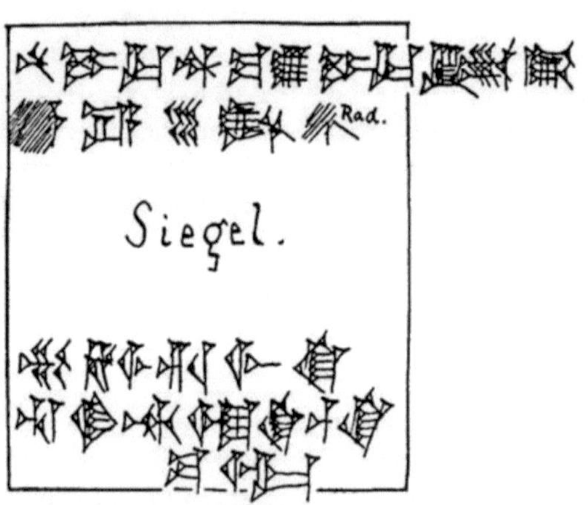

P 310, Rückseite.

genden sei wenigstens auf einige noch kurz eingegangen, zugleich als
Entgegnung auf die Aufstellungen KUGLERS im *Ergänzungshefte* zu SSB.

Das Material an Schaltjahren für die Zeit der Dynastie von Ur
habe ich am vollständigsten im *Memnon* VI, S. 66ff. gesammelt[1]. In-

---

[1] Dort sind S. 60 unter II, 3 und S. 68 unter III, 9e zwei unveröffentlichte Texte aus dem Besitze von Herrn Professor PEISER zitiert.

zwischen hat es sich wieder nicht unerheblich vermehrt, und zu Nutz und Frommen aller, die sich dafür interessieren, stelle ich die neuen Textstellen im folgenden zusammen:

1. Dungi 36—51. *itu Maš-dŭ-kù mu a-du 2 kam-aš Si-mu-ru-um ki ba-ḫul-ta itu Dir-še-kin-kud mu uš-sa ê-kú-ša-iš d Da-gan ba-dŭ mu uš-sa-šù mu 15 kam šà-ba itu dir 6 a-an ni-gal*, LEGRAIN, *Le Temps des Rois d'Ur* (Bibliothèque de l'école des Hautes Études 199), pl. I, 2. Es wird also vom 2. Monat des Jahres Dungi 36 bis zum 2. Monat (Schaltmonat) des Jahres Dungi 51 gerechnet. Das sind 15 Jahre. Auf diese Periode entfallen 6 Schaltjahre. Bekannt sind uns als Schaltjahre Dungi 40 und Dungi 43 (s. *Memnon* VI, S. 66). Nach obiger Textstelle war auch Dungi 51 ein Schaltjahr. Die übrigen drei Schaltjahre dürften am wahrscheinlichsten Dungi 38 (oder 37), 46 (oder 45) und 48 (nicht 49! s. die folgende Stelle) sein.

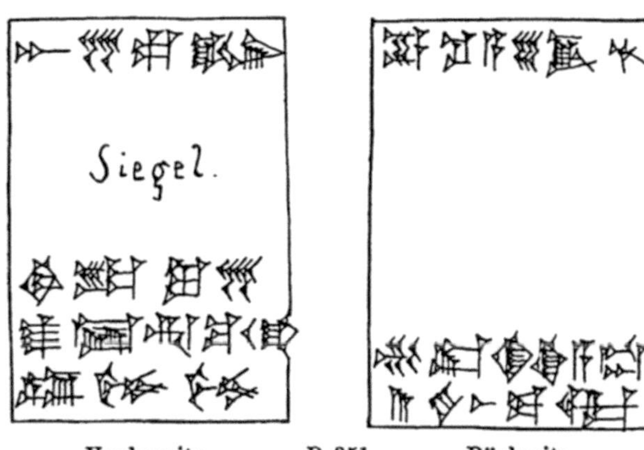

Vorderseite.   P 351.   Rückseite.

2. Dungi 49—53. *mu 5 itu 2 kam itu Še-kin-kud mu ê-kú-ša* (so!) *Da-gan ba-dŭ-ta itu d Dumu-zi mu en d Nannar maš-e-ni-pad-šù*, auf einer unveröffentlichten Djokhatafel. Vom 1. Monat des Jahres Dungi 49 bis zum 12. Monat des Jahres Dungi 53 vergehen 5 Jahre, wie der Text auch angibt. Die zwei Schaltjahre, die in diese Periode fallen, sind Dungi 51 und 52.

3. Dungi 54. *itu Dir-še-kin-kud mu Si-mu-ru-um ki ù Lu-lu-bu ki a-du 9 kam ba-ḫul*, CT XXXII, pl. 37, Br. M. 103444. Daß Dungi 54 ein Schaltjahr sei, war bereits bekannt (s. *Memnon* VI, S. 67).

itu Šeš-da-kù 2 kam mu Si-mu-ru-um ki ù Lu-lu-bu ki a-du 9 kam-aš ba-ḫul, LEGRAIN, a. a. O., pl. XIII, 105. Ein zweiter *itu Šeš-da-kù* war bisher gänzlich unbekannt. Handelt es sich hier um eine versehentlich verspätete Schaltung?

Um auch den Fachgenossen die Möglichkeit zur Nachprüfung zu geben, sind sie diesem Hefte oben im Keilschrifttexte beigegeben.

4. Dungi 57. *itu Dir-ezen-Me-ki-gál uš-sa mu uš-sa Ki-mašᵏⁱ ba-ḫul,* LEGRAIN, a. a. O., pl. XV, 119. Das ist anscheinend zu übersetzen: „Monat *Dir-ezen-Me-ki-gál,* folgend dem Jahre (= am Schlusse des Jahres), da *Kimašᵏⁱ* zerstört wurde." Über den *itu Dir-ezen-Me-ki-gál* s. weiter unten im Zusammenhange.

5. Bûr-Sin 3. *itu Dir-ezen-Me-ki-gál uš-sa mu gu-za ᵈEn-lil-lá ba-dim,* LEGRAIN, a. a. O., pl. XIX, 164. Vgl. die vorige Nr.

6. Gimil-Sin 1. *itu Dir-še-kin-kud ba-zal mu ⁱⁱGimil-Sin lugal,* LEGRAIN, a. a. O., pl. XVII, 128. Es muß sich hier um einen besonderen Schaltmonat handeln, worauf das Epitheton *ba-zal* zu *itu Dir-še-kin-kud* hinweist. Handelt es sich um einen Nachtragsschaltmonat (vgl. *ZAL* = *uḫḫuru* „verzögern"), weil dieser im vorhergehenden Jahre (Dungi 58) in der Stadt (welcher?), aus der das Dokument stammt, versehentlich ausgelassen war??

7. Gimil-Sin 3. *itu Dir-eze[n-Me-ki-gál]* *mu Si-ma-nùmᵏⁱ ba-ḫul,* CT XXXII, pl. 12, Br. M. 103436, Kol. IV, 17f.

8. Gimil-Sin 5. *itu Dir-ezen-Me-ki-gál mu uš-sa ᵈGimil-ᵈSin lugal Urù-unuᵏⁱ-ma-gê bád mar-tu mu-ri-ik Ti-id-ni-im mu-dù,* LEGRAIN, a. a. O., pl. XX, 177 und auf zwei unveröffentlichten Drehem-Tafeln.

9. Ibi-Sin 1. *itu Dir-ezen-ᵈMe-ki-gál mu ᵈI-bí-ᵈSin lugal,* LEGRAIN, a. a. O., pl. XXIII, 197 und CT XXXII, pl. 43, Br. M. 103407.

itu Dir mu ᵈI-bí-ᵈSin lugal, LEGRAIN, a. a. O., pl. XLV, 368. Zum *itu Dir* vgl. oben S. 71.

Als Schaltjahre sind also jetzt für die Zeit der Dynastie von Ur gesichert: Dungi 35, 38 (oder 37), 40, 43, 46 (oder 45), 48, 51, 52, 54, 56, 58; Bûr-Sin 3, 6, 9; Gimil-Sin 3, 6, 9. Welche Dauer aber der freie Schaltzyklus hatte, der damals doch wohl schon im Gebrauche war, kann noch nicht mit Sicherheit gesagt werden.

Für die Jahre Dungi 39[1] und 57, Bûr-Sin 3[2], Gimil-Sin 5 und Ibi-Sin 1 ist als Schaltmonat auf Drehem-Tafeln ein *itu Dir-ezen-Me-ki-gal* belegt. Nun sind andererseits die Jahre Dungi 40 und 58 und Gimil-Sin 6 als Schaltjahre mit einem *itu Dir-še-kin-kud* bezeugt. Wie erklärt sich diese Differenz von einem Jahre? Meines Erachtens ganz einfach. Der *itu Ezen-Me-ki-gál* ist der letzte Monat, der *itu Še-kin-kud* der erste Monat; beide grenzen also aneinander an. Der Schaltmonat *itu Dir-še-kin-kud* wurde als zweiter Monat des Jahres eingefügt. Auch ganz in seiner Nähe lag der *itu Ezen-Me-ki-gál;* wollte man nun einen *itu Dir-ezen-Me-ki-gál* einfügen, so lag es nahe, diesem dem vorigen Jahre zu-zuzählen, da dann die Schaltmonate der beiden Systeme nur eine kurze Frist trennte und die zeitliche Übereinstimmung besser gewahrt blieb. In dieser Weise scheint man meistens vorgegangen zu sein, allerdings nicht immer, da Bûr-Sin 3 als Schaltjahr durch einen *itu Dir-še-kin-kud* und einen *itu Dir-ezen-Me-ki-gál* bezeugt ist. Wie es mit Ibi-Sin 1 steht, vermag ich nicht zu sagen. Denn weder Ibi-Sin 1 noch 2 können Schalt-jahre sein (vgl. den Text GENOUILLAC, *Inventaire des Tablettes de Telloh* II, Nr. 3699; s. *Memnon* VI, 69). Handelt es sich um einen Nach-trag, weil die Schaltung im Jahre Gimil-Sin 9 vergessen war (vgl. oben

---

[1]) Vgl. THUREAU-DANGIN, RA VIII, p. 86, n. 3.   [2]) Vgl. auch THUREAU-DANGIN, a. a. O., p. 86, n. 7.

S. 80, Nr. 6)?? Daß übrigens andererseits nicht Gimil-Sin 5 und 6 beide Schaltjahre, sein können, bezeugt gleichfalls der eben zitierte Text aus GENOUILLAC, *Inventaire* (gegen KUGLER, SSB, *Ergänzungsheft*, S. 120); er sagt ausdrücklich, daß zwischen Gimil-Sin 4 und Ibi-Sin 2 nur z w e i Schaltmonate liegen, nämlich Gimil-Sin 6 und 9.

Für die Zeit der ersten Dynastie von Babylon hat sich das Material an Schaltmonaten nicht vergrößert (s. UNGNAD, OLZ 1910, Sp. 66f. und WEIDNER, *Memnon* VI, S. 73). Nur das Jahr Samsuiluna 8 ist noch einmal als Schaltmonat mit einem zweiten Elul bezeugt worden (s. CT XXXIII, pl. 47, Br. M. 80369, R. 17). Es ist zu hoffen, daß durch die in nächster Zeit erscheinende umfangreiche Publikation von Urkunden aus der ersten Dynastie (von FIGULLA und KINSCHERF, in den VAS) das Material endlich einmal um ein gutes Stück vermehrt wird.

Zum Schlusse will ich noch die aus der Kassitenzeit belegten Schaltjahre hier zusammenstellen, wenn sich auch zurzeit mit denselben gar nichts anfangen läßt. Es sind belegt: Kurigalzu 15 mit einem Schalt-Adar (CLAY, BEUP XIV, Nr. 22) und Kaštiliâšu Acc. mit einem Schalt-elul (CLAY, MPBS II, 2, Nr. 54). Außerdem haben die Jahre 16 und 20 eines ungenannten Königs beide einen Schaltelul gehabt (CLAY, BEUP XV, Nr. 60 und 106).

Schematische Darstellungen des Mondlaufes bei den Babyloniern.

Die Babylonier sind seit alter Zeit bemüht gewesen, den so komplizierten Lauf des Mondes für ihre astrologischen Zwecke[1] in ein möglichst einfaches Schema zu zwängen. Wir besitzen eine ganze Reihe, zum Teil noch unveröffentlichter Texte, auf denen derartige Versuche aufgezeichnet sind. Vor allem beschäftigten sie in dieser Richtung zwei Probleme: 1. den Lauf des Mondes innerhalb eines Monats schematisch und allgemeingültig darzustellen und 2. eine fortlaufende schematische Reihe von Werten für die Zeit zu finden, welche bei Neulicht zwischen Sonnenuntergang und Monduntergang und bei Vollmond zwischen Sonnenuntergang und Mondaufgang verstreicht.

Das erste Problem ist überhaupt unlösbar. Wenn die Babylonier trotzdem eine Lösung gefunden haben wollen, so ist es klar, daß dieselbe nur für einen bestimmten Fall gilt, und auch nur dann, wenn man die Grenzen der Genauigkeit sehr weit steckt. Ein solcher Lösungsversuch liegt, wie ich seit langem behauptet habe (s. *Babyloniaca* VI, p. 11 ff.), in den beiden Tafeln K 90 (veröffentlicht von SAYCE, ZA II, S. 337 ff., vgl. die Photographie *Babyloniaca* VI, pl. III) und 80, 7—19, 273 (VACh, *Sin* XXX) vor. Gegen diese neue Auffassung hat nun KUGLER in SSB, *Ergänzungsheft*, S. 102 ff. polemisiert und, wie bereits früher (s. SSB II, S. 45 ff.), auch jetzt wieder erklärt, es handle sich um ein rohes Schema betreffend die Zu- und Abnahme des erleuchteten Teiles der Mondscheibe. Daß indessen meine Auffassung die richtige ist, zeigt ein neuer Text dieser Gattung, der hier zum ersten Male veröffentlicht ist. Bevor ich jedoch darauf eingehe, seien die Texte von K 90 und 80, 7—19, 273 zur bequemeren Übersicht noch einmal hierher gestellt.

1. K 90[2].

Tag			Tag				
1.	5	*izzaz*	16.	224	*izzaz*	16	*ušamši*[3]
2.	10	„	17.	208	„	32	„
3.	20	„	18.	192	„	48	„
4.	40	„	19.	176	„	64	„

[1]) Zu astrologischen (!), nicht zu astronomischen Zwecken! [2]) Vgl. auch *Babyloniaca* VI, p. 12 f. [3]) So ist *MI-ŠAL* zu lesen. Das beweist das noch unveröffentlichte Vokabular P 269, Vs. 19, wo wir lesen: *MI-ŠAL* (mit Glosse *ša-al* zu *ŠAL*) = *šum-šu-u*. Dann werden die beiden Bestandteile des Ideogramms erklärt: *MI* = *mu-šu* „Nacht" und *ŠAL* = ... [ ]; *šumšû* ist III, 1 von *mašû* „dunkel sein, verdunkeln" (gleicher Stamm mit *mûšu* „Nacht"). Vgl. auch schon MEISSNER, SAI 6703.

Tag			Tag				
5.	80	*izzaz*	20.	160	*izzaz*	80	*ušamši*
6.	96	„	21.	144	„	96	„
7.	112	„	22.	128	„	112	„
8.	128	„	23.	112	„	128	„
9.	144	„	24.	96	„	144	„
10.	160	„	25.	80	„	160	„
11.	176	„	26.	40	„	176	„
12.	192	„	27.	20	„	192	„
13.	208	„	28.	10	„	208	„
14.	224	„	29.	5	„	224	„
15.	240	„	30.		*AN-NA izzaz*		

2. 80, 7—19, 273 [1].

Tag			Tag				
1.	$3^3/_4$	*izzaz*	16.	168	*izzaz*	12	*ušamši*
2.	$7^1/_2$	„	17.	156	„	24	„
3.	15	„	18.	144	„	36	„
4.	30	„	19.	132	„	48	„
5.	60	„	20.	120	„	60	„
6.	72	„	21.	108	„	72	„
7.	84	„	22.	96	„	84	„
8.	96	„	23.	84	„	96	„
9.	108	„	24.	72	„	108	„
10.	120	„	25.	60	„	120	„
11.	132	„	26.	30	„	150	„
12.	144	„	27.	15	„	165	„
13.	156	„	28.	$7^1/_2$	„	$172^1/_2$	„
14.	168	„	29.	$3^3/_4$	„	$176^3/_4$	„
15.	180	„	30.		*AN-NA izzaz*		

Daran schließe sich nun der neue Text an. Es handelt sich um
Br. M. 45821 [2], dessen Kenntnis ich der Liebenswürdigkeit von Herrn
Th. G. Pinches verdanke. Ich teile den Text zunächst so mit, wie
er mir vorliegt.

3. Br. M. 45821.

. . . .

1. [. . . . . . *D]U $4^2/_3$ bêru* [3] *4 UŠ : 36 ušamši (MI-ŠAL) 1 bê[ru …]*
2. [. . . . .] *DU : 4 bêru 12 UŠ : 48 ušamši 1 bêru* [   ]
3. [. . . . .] *DU 4 bêru   60 ušamši 2 bêru mûši NA*
4. [. . . . . *D]U 3 bêru 18 UŠ : 72 ušamši : 2 bêru 12 UŠ mûši* „
5. [. . . . .] *3 bêru 6 UŠ : 84 ušamši $2^2/_3$ bêru 4 UŠ mûši* „
6. [. . . . .] *$2^2/_3$ bêru 4 UŠ : 96 ušamši 3 bêru 6 UŠ mûši* „
7. [. . . . .] *2 bêru 12 UŠ : 108 ušamši 3 bêru 18 UŠ mûši* „
8. [. . . . .] *2 bêru mûši izzaz : 120 ušamši 4 bêru mûši* „

---

[1]) Zum Teil ergänzt nach Analogie von K 90.   [2]) Frühere
Nummer Sh. 81, 7—6, 242 + 399 + 676.   [3]) Geschrieben *KAS-GÍD*.

```
 9. [ . . . . . . . . . . 1 bê]ru : 150  ušamši : 5  bêru      mûši      „
10. [ . . . . . . . . . . . . . . ]  : 165 ušamši : 5¹/₂ bêru mûši i-ka(?)-šu
11. [ . . . . . . . . . . . . . . ] ušamši : 5²/₃ bêru 2¹/₂ UŠ mûši  „
12. [ . . . . . . . . . . . . . . . . . 176]³/₄ ušamši
```

. . . .

Wie man leicht erkennt, entspricht die Zahlenreihe in der zweiten Hälfte der einzelnen Zeilen (36, 48, 60 usw.) vollkommen der zweiten Zahlenreihe der Tage 18 bis 29 in 80,7—19, 273. Die hohe Bedeutung des Textes liegt nun darin, daß die einzelnen Zahlenwerte noch in *bêru* umgewandelt sind. Nehmen wir z. B. Zeile 3, so erhalten wir 60 x = 2 *bêru*, also 1 x = ¹/₃₀ *bêru* oder 1 *UŠ*, zu welchem Resultate ich bereits *Babyloniaca* VI, S. 12 gelangt war. Nach dieser Feststellung können wir nun den Text leicht ergänzen (mit Hilfe von 80, 7—19, 273 und der eben festgestellten Gleichung); die Ergänzung ist im folgenden in übersichtlicher Form gegeben:

Tag								
18.	144	*mûši izzaz*[1]	4⁴/₅ *bêru*	36	*ušamši*	1¹/₅ *bêru mûši NA*[2]		
19.	132	„ „	4²/₅ „	48	„	1³/₅ „	„	„
20.	120	„ „	4 „	60	„	2 „	„	„
21.	108	„ „	3³/₅ „	72	„	2³/₅ „	„	„
22.	96	„ „	3¹/₅ „	84	„	2⁴/₅ „	„	„
23.	84	„ „	2⁴/₅ „	96	„	3¹/₅ „	„	„
24.	72	„ „	2²/₅ „	108	„	3³/₅ „	„	„
25.	60	„ „	2 „	120	„	4 „	„	„
26.	30	„ „	1 „	150	„	5 „	„	„
27.	15	„ „	¹/₂ „	165	„	5¹/₂ „	„	„ [3]
28.	7¹/₂	„ „	¹/₄ „	172¹/₂ „		5³/₄ „	„	„
29.	3³/₄	„ „	—[4]	176³/₄ „		—[4]		

Die Umwandlung der Werte in *bêru* gestattet nun, die Streitfrage über den Sinn des Textes endgültig zu entscheiden. Handelte es sich mit KUGLER um Werte für die Zu- und Abnahme des erleuchteten Teiles der Mondscheibe, so wäre 1 *bêru* = 1′,5, 1 *UŠ* gar nur = 3″. Ich glaube nicht, daß das jemand auch nur im entferntesten für möglich hält. Dagegen kann wohl kein Zweifel sein, daß meine Deutung des Textes jetzt eine vollständige Bestätigung erfährt. Die Angabe für den 18. Tag in Br. M. 45821 ist z. B. ganz einfach zu fassen: 144 x der Nacht geht der Mond dahin (d. h. steht er am Himmel), das sind 4⁴/₅ *bêru* (= 9ʰ 36ᵐ); 36 x ist er verdunkelt, um 1¹/₅ *bêru* der Nacht (= um 2ʰ 24ᵐ der Nacht, d. h. um 8ʰ 24ᵐ abends)[5] wird er sichtbar[6].

―――――――

[1]) Vgl. Z. 8.   [2]) Vgl. Z. 3.   [3]) Nach PINCHES soll *i-ka*(?)*šu* dastehen. Ist etwa *i-ba-it* zu lesen?   [4]) Hier müßte ¹/₈ *bêru* bzw. 5⁷/₈ *UŠ* stehen. Da diese Werte aber in Keilschrift nur sehr umständlich wiedergegeben werden konnten, wurde hier auf die Umwandlung verzichtet.
[5]) Zu dieser Erklärung vgl. oben S. 68.   [6]) *NA* = *namurtu* (s. oben S. 11).

Das Schema ist nun wohl vollkommen durchsichtig. Es schwebt dem Verfasser, wenn ich mich so ausdrücken darf, ein „Äquinoktialmonat“ vor, d. h. Mond und Sonne bewegen sich auf dem Äquator, die Sonne geht 6^h früh auf und 6^h abends unter. Bei Vollmond (15. Tag) geht der Mond 6^h abends auf und 6^h früh unter. In den folgenden Tagen geht er dann immer 48^{m}[1] später auf. Die Zeit seiner Sichtbarkeit während der Nacht[2] wird also immer kleiner (daher das Kleinerwerden der Zahlen in der ersten Hälfte der Zeilen von Br. M. 45821), die Zeit seiner Unsichtbarkeit während der Nacht immer größer (daher das Anwachsen der Zahlen in der zweiten Hälfte der Zeilen von Br. M. 45821). Das Umgekehrte ist bei den Tagen vor dem 15. (vom 5. bis zum 14.) der Fall[3]. An der Richtigkeit dieser Erklärung kann nach den klaren Angaben von Br. M. 45821 kein Zweifel mehr sein. Übrigens hätte man auch bereits früher auf eine bisher leider übersehene Tatsache hinweisen können, die jede andere Erklärung ausschließt: *Sin DU* lese ich *Sin izzaz* „der Mond steht da“; damit ist der Text seinem Inhalte und Zwecke nach eigentlich genügend gekennzeichnet. Deshalb hat KUGLER (SSB, *Ergänzungsheft*, S. 104f.) diese Lesung abgelehnt und *DU* als „Grad (sc. der Belichtung)“ fassen wollen. Daß indessen so zu lesen ist, zeigt ganz klar der Text K 2164 + 2195 + 3510 (*Babyloniaca* VI, p. 8ff.), in dessen erster Zeile die erste Zeile von 80, 7—19, 273 zitiert wird und man liest: — *Sin ûmu I*[kan] $3^3/_4$ . . . . *izzazu*[ru][4]!

Auf diese Weise hat man also für den in Wahrheit so komplizierten Lauf des Mondes während eines Monats ein „Schema von verblüffender Einfachheit“ geschaffen, wie KUGLER richtig sagt, aber auch ein Schema von verblüffender Fehlerhaftigkeit. In bestimmten, relativ seltenen Fällen konnte wohl die Angabe einer einzelnen Zeile mit der Wirklichkeit sich decken. Das Schema in seiner Gesamtheit aber ist ein Unding. Nicht zu leugnen ist freilich, daß es für den Gebrauch des babylonischen Astrologen ein bequemes Hilfsmittel war. Mit der babylonischen Astronomie aber hat es nichts zu tun, und nichts wäre verkehrter, als aus diesem Texte Schlüsse auf die wissenschaftliche Astronomie der Babylonier in der älteren Zeit ziehen zu wollen.

Wenden wir uns jetzt dem zweiten Probleme zu. Es handelt sich also darum, eine fortlaufende schematische Reihe von Werten für die Zeit zu finden, welche bei Neulicht zwischen Sonnenuntergang und Mond-

---

[1] Vgl. dazu bereits *Babyloniaca* VI, p. 13. Der Vollmond geht 6^h abends auf und 6^h früh unter, legt also die 180^0 in 12^h zurück. Am nächsten Abend ist er bereits 12^0 auf seiner Bahn weiter gewandelt, geht also um soviel später auf, als er braucht, um 12^0 zurückzulegen. Wir erhalten so die Proportion: $180^0 : 12^h = 12^0 : x$. $x = 48^m$. [2] Es ist überhaupt nur die Sichtbarkeit des Mondes während der Nacht (6^h abends bis 6^h früh) berücksichtigt. [3] Für die Tage vom 1. bis 4. und 27. bis 29. vgl. *Babyloniaca* VI, p. 14. [4] Auch die Unterschrift von K 90 ist natürlich, wie ich schon *Babyloniaca* VI, p. 15 ausführte, zu fassen: *30 ni-ib-lu šá ûmî* [mi] „30 Leuchtzeiten für die (einzelnen) Tage“. KUGLERS Übersetzung (SSB, *Ergänz.* S. 105) ist unmöglich. Zu *nabâlu* „glänzen, glühen“ und *nablu* „Feuerlohe“ s. DELITZSCH, HW 444.

untergang und bei Vollmond zwischen Sonnenuntergang und Mondaufgang verstreicht. Einiges Zutreffende über die babylonischen Lösungsversuche dieses Problems findet man schon bei KUGLER, SSB, *Ergänzungsheft*, S. 88ff. Da er sich aber leider in der Bestimmung der Größe von *ma-na* geirrt hat, und Texte, welche die verschiedenen Längen von Tag und Nacht zu den verschiedenen Zeiten des Jahres angeben (s. oben S. 66ff.), fälschlich hier herangezogen hat, so ist bei ihm sehr viel zu korrigieren. Publiziert sind bisher zwei Texte, welche sich mit unserem Problem beschäftigen: 1. K. 2164 + 2195 + 3510 (*Babyloniaca* VI, p. 8ff.), Rs. 1ff.[1] und 2. VACh, *Sin* XXX, 25ff. Beide weichen in ihren Angaben etwas voneinander ab und seien daher getrennt behandelt.

Zu K 2164 usw. liegen mir zwei wertvolle Duplikate vor. Das eine davon ist in die zweite Tafel der Serie ⸢ *kakkab* *APIN* eingefügt. Daraus ergibt sich zunächst einmal, daß das *KI-MIN* in K 2164 einem *ma-na* *EN-NUN* *mûši* entspricht, ferner sind sie in einem für uns hier wesentlichen Punkte ausführlicher gehalten; wenn wir z. B. K 2164, Rs. Z. 5 (Schluß) nehmen, so steht da nicht *14 40 ana nipḫi šá Sin*, sondern *14 UŠ 40 GAR ana nipḫi šá Sin*. Ich lasse nun zunächst die Angaben von K 2164 und seinen beiden Duplikaten in übersichtlicher Anordnung folgen. Der Wert für den 1. des Monats gibt die Zeit zwischen Sonnenuntergang und Monduntergang an, wie aus K 2164 folgt (*ana rîbi ša Sin* „bis zum Untergang des Mondes"), der Wert für den 15. des Monats die Zeit zwischen Sonnenuntergang und Aufgang des Vollmonds (K 2164: *ana nipḫi ša Sin* „bis zum Aufgange des Mondes").

I. 1	12 *UŠ*	40 *GAR*		VII. 1	11 *UŠ*	20 *GAR*
I. 15	12 „			VII. 15	12 „	
II. 1	11 „	20 „		VIII. 1	12 „	40 „
II. 15	10 „	40 „		VIII. 15	13 „	20 „
III. 1	10 „			IX. 1	14 „	
III. 15	9 „	20 „		IX. 15	14 „	40 „
IV. 1	8 „	40 „		X. 1	15 „	20 „
IV. 15	8 „			X. 15	16 „	
V. 1	8 „	40 „		XI. 1	15 „	20 „
V. 15	9 „	20 „		XI. 15	14 „	40 „
VI. 1	10 „			XII. 1	14 „	
VI. 15	10 „	40 „		XII. 15	13 „	20 „

Diesem Schema liegen wirkliche Beobachtungen zugrunde. Auf Grund derselben sind dann für bestimmte Zeitpunkte Mittelwerte gefunden worden, welche wiederum abgerundet wurden. Auf schematischem Wege sind dann die Mittelstücke ergänzt worden, und so ist das obige Schema entstanden. Des weiteren ist dann noch bemerkt worden, daß die obigen

---

[1]) Die Zahlen sind von mir in *Babyloniaca* VI, p. 24 ganz falsch gedeutet worden. Zu der richtigen Erkenntnis verhalf mir die zweite Tafel der Serie ⸢ *kakkab* *APIN*, lange vor dem Erscheinen von KUGLERS Ergänzungsband.

Zahlen und die Zahlen der Dauer von Tag und Nacht für das gleiche
Datum im Verhältnisse 4 : 1 standen. Das ist nicht nur in K 2164, sondern auch in beiden Paralleltexten ausdrücklich vermerkt worden.

Da also die Zahlen unseres Schemas Mittelwerte darstellen, die aus
vielen Hunderten von Beobachtungen gewonnen sind, so halte ich es
nicht für richtig, mit den modernen Hilfsmitteln unter allerlei Annahmen
Mittelwerte zu berechnen und diese mit den babylonischen zu vergleichen, wie es KUGLER getan hat (a. a. O., S. 98ff.). Dieselben können
uns nur zeigen, daß die Abnahme und Zunahme der Zahlen des Schemas
wirklich in der richtigen Weise erfolgt; die scheinbar so große Übereinstimmung zwischen babylonischen und modernen Werten bei KUGLER ist
reiner Zufall, da er sich ja in der zeitlichen Festlegung des Aquinoktiums
in einem beträchtlichen Irrtume befunden hat (s. oben S. 66ff.)[1]. Da wir
nun augenblicklich noch nicht über hunderte babylonischer Mondbeobachtungen verfügen, so ist eine sichere Nachprüfung des Schemas vorläufig noch unmöglich; ich habe aber im folgenden das mir erreichbare
Material zusammengestellt, um zu zeigen, daß die sich daraus ergebenden
Mittelwerte wenigstens in einigen Fällen gut mit den Zahlen des Schemas
übereinstimmen.

I. Angaben für den ersten Tag.

Monat	A²	B	C	D	E	F	G	H	I
Nisan	—	—	—	20 30	18 —	—	20 12	—	20 1
Airu	—	23 —	—	15 —	10 40	—	15 30	—	16 —
Sivan	20 —	18 30	—	22 30	13 —	—	26 —	—	—
Tammuz	—	27 —	—	16 40	12 40	—	—	—	—
Ab	—	—	—	12 30	14 40	—	—	—	—
Elul	—	15 40	—	22 —	—	—	17 —	—	—
Tešrit	—	16 40	—	13 —	—	15 30	10 30	—	—
Araḫsamna	—	12 40	20 —	15 —	—	8 10	14 —	14 30	—
Kislev	—	—	—	20 40	20 —	11 40	—	—	—
Ṭebet	—	—	—	11 50	18 30	—	—	—	—
Šebaṭ	14 30	22 —	—	14 40	14 —	11 30	19 —	—	—
Adar	25 —	15 30	—	21 —	22 50	20 3	21 —	—	—

[1]) So ist für den 1. Nisan nicht eine Sonnenlänge von 57°
(KUGLER, a. a. O., S. 99), sondern von 345°, für den 15. Nisan nicht von 72°,
sondern von 0° usw. anzusetzen.   [2]) A = VAT 4956 (s. oben S. 27);
B = STRASSMAIER, *Cambyses* 400; C = VAT 4936 (unveröffentlicht);
D = EPPING, *Astronomisches aus Babylon* I (Sp. 129);E = EPPING, a. a. O.
II (Sp. 128); F = Rm IV, 397 (ZA VI, 236ff.); G = S † 1949 (ZA VI,
232f.); H = Sp. II, 749 (KUGLER, SSB I, Tafel III, 5); I = Sp. II, 250 + 353
(KUGLER, a. a. O., Tafel VI, 8).

II. Angaben für den fünfzehnten Tag[1].

Monat	B		D		E		F		G		I	
Nisan	8	20	8	30	24	—	—		7	—	—	
Airu	14	30	1	40	9	30	—		1	—	6	—
Sivan	5	—	10	50	2	30	—		9	—	—	
Tammuz	8	30	1	—	9	40	—		—		—	
Ab	7	30	8	10	—		—		5	—	—	
Elul	8	30	2	—	—		—		4	40	—	
Tešrit	3	—	—		—		3	50	6	40	—	
Araḫsamna	14	—	—		8	20	8	20	—		—	
Kislev	—		2	10	4	40	—		—		—	
Ṭebet	10	20	9	—	8	10	—		14	30	—	
Šebaṭ	1	40	4	—	11	—	—		8	—	—	
Adar	10	—	17	30	2	10	—		2	10	—	10

III. Mittelwerte.

Monat	1. Tag		Differenz[2]			15. Tag		Differenz[2]		
Nisan	19	41	+	7	1	11	58	—	0	2
Airu	16	2	+	4	42	6	32	—	4	8
Sivan	20	—	+	10	—	6	50	—	2	57
Tammuz ·	18	47	+	10	7	6	23	—	1	37
Ab	13	35	+	4	55	6	53	—	2	27
Elul	18	13	+	8	13	5	3	—	5	37
Tešrit	13	55	+	2	35	4	30	—	7	30
Araḫsamna	14	3	+	1	23	10	13	—	3	7
Kislev	17	27	+	3	27	3	25	—	11	15
Tebet	15	10	—	0	10	10	30	—	5	30
Šebaṭ	15	57	+	0	37	6	10	—	8	30
Adar	20	54	+	6	54	6	24	—	6	56

Daß die Differenzen zwischen den Mittelwerten der Texte und den Werten des Schemas zum Teil so groß sind, liegt einzig und allein an dem geringen Umfange des Materials. Es ist natürlich etwas ganz anderes, aus Hunderten von Texten Mittelwerte zu berechnen, wie es die Babylonier taten, oder aus neun Texten, auf die wir uns oben nur stützen konnten. Jedenfalls zeigt aber andererseits die annähernde Übereinstimmung in vielen Fällen, hauptsächlich beim 15. Tage, daß eine andere Erklärung und Herleitung der Zahlen als die oben gegebene unmöglich ist.

Einen zweiten Lösungsversuch des Problems bietet der Text VACh, *Sin* XXX, 25 ff. Leider sind die Angaben über den 15. Tag bis auf

---

[1] „15. Tag" im Schema. Es handelt sich um die durch *MI* gekennzeichneten Zahlenangaben der Mondbeobachtungstexte.

[2] Zwischen den Mittelwerten der Texte und den Werten des Schemas.

wenige Reste durchweg verloren gegangen, können aber nach dem Schema ergänzt werden. Die Werte weichen hier von denen des oben behandelten Textes etwas ab, so daß sie aus einer zweiten Beobachtungsreihe abgeleitet sein müssen. Andererseits aber bietet der Text eine sehr erfreuliche Bestätigung unserer Erklärung der Zahlen. Während es in K 2164 und seinen Duplikaten hieß: *ana rîbi ša Sin* „bis zum Untergange des Mondes", lesen wir hier ausdrücklich: *ŠI-GAB-A ša* ⁱˡ*Sin* „Sichtbarkeit des Mondes (nach Sonnenuntergang)". Damit dürfte jede Möglichkeit, die uns hier beschäftigenden Texte anders aufzufassen, schon a priori ausgeschlossen sein.

Zunächst seien nun die Werte für den 1. Tag der einzelnen Monate zusammengestellt, da diese allein ziemlich gut erhalten sind und man aus ihnen das Schema ableiten kann.

I, 1	11 *UŠ*	40 *GAR*[1]		VII, 1	Fehlt!	
II, 1	10 „			VIII, 1	14 *UŠ*	
III, 1	8 „	40 „		IX, 1	15 „	40 *GAR*
IV, 1	8(!) „	40 „		X, 1	15(!) „	40 „
V, 1	10 „			XI, 1	14 „	
VI, 1	11 „	40 „		XII, 1	12 „	40 „

Die Differenz zwischen dem Werte für den 1. I. und den 1. II. beträgt 1 *UŠ* 40 *GAR*, die Differenz zwischen dem Werte für den 1. II. und den 1. III. 1 *UŠ* 20 *GAR*. Diese beiden Differenzen wechseln konstant miteinander ab (vgl. die Werte für den 1. VIII. und die folgenden Monate). Der Wert für den 1. V. ist mit dem für den 1. II., der Wert für den 1. VI. mit dem für dem 1. I. identisch. Dann ist selbstverständlich unter dem Datum IV, 1 statt Virolleauds 9 *UŠ GAR* entsprechend dem Werte für den 1. III. 8(!) *UŠ 40 GAR* zu lesen. Es liegt dieselbe fallende und dann wieder steigende Kurve vor wie in K 2164 und seinen Duplikaten; nur daß dort der Tiefpunkt bei IV, 15 lag, während er hier zwischen III, 1 und IV, 1, also bei III, 15 anzunehmen ist. Nach dem 15. Elul ist in dem Texte eine Lücke: der Monat Tešrit ist ganz ausgefallen. Für den 1. Tešrit wäre entsprechend dem Schema der Wert 13 *UŠ* für den 1. Arahsamna der Wert 14 *UŠ* 40 *GAR* anzunehmen. Der Verfasser ließ nun versehentlich den Monat Tešrit aus; da aber auf einen Wert mit 40 *GAR* immer ein Wert ohne *GAR* folgt[2], so ließ er von 14 *UŠ* 40 *GAR* für den 1. VIII. die 40 *GAR* weg und rechnete von 14 *UŠ* aus weiter. Dadurch sind die folgenden Werte natürlich alle falsch geworden[3], und die Differenz zwischen dem Werte für den 1. XII. und den 1. I. fügt sich nicht mehr ins Schema, sondern fällt ganz aus dem Rahmen. Auf Grund des oben festgestellten Schemas ist es aber nicht schwer, den Text richtigzustellen. Diese Rekonstruktion

---

[1]) Kugler liest statt *40 GAR*: *šâr ša* und zieht es zu *ŠI-GAB-A* ⁱˡ*Sin*, was natürlich ganz unmöglich ist. [2]) Abgesehen von den Werten in der Nähe des Tiefpunktes und des Höhepunktes der Kurve. [3]) Übrigens ist ist in Z. 41 statt Virolleauds 16 *UŠ* 40 *GAR* sicher 15(!)*UŠ 40 GAR* zu lesen. Es handelt sich hier um den Höhepunkt der Kurve, an dem die entsprechenden Werte wieder gleich sind.

ist im folgenden gegeben. Auf Grund der aus K 2164 und seinen Duplikaten leicht herzuleitenden Tatsache, daß der Wert für den 15. Tag
immer die Mitte hält zwischen den Werten der beiden benachbarten
1. Tage, konnten auch die Werte für den 15. Tag durchweg ergänzt
werden[1].

```
I,    1   11  UŠ  40  GAR   |   VII,   1   13  UŠ
I,   15   10   „   50   „    |   VII,  15   13   „   50  GAR
II,   1   10   „              |   VIII,  1   14   „   40   „
II,  15²   9   „   20   „    |   VIII, 15   15   „   20   „
III,  1    8   „   40   „    |   IX,    1   16   „
III, 15    7   „   50   „    |   IX,   15   16   „   50   „
IV,   1    8   „   40   „    |   X,     1   16   „
IV,  15³   9   „   20   „    |   X,    15   15   „   20   „
V,    1   10   „              |   XI,    1   14   „   40   „
V,   15   10   „   50   „    |   XI,   15   13   „   50   „
VI,   1   11   „   40   „    |   XII,   1   13   „
VI,  15   12   „   20   „    |   XII,  15   12   „   20   „
```

Das wäre also ein zweiter Versuch, das Problem zu lösen. Eine
genaue Prüfung, in welchem Verhältnis die Werte des Schemas zu
den Angaben der Beobachtungstexte stehen, ist auch hier aus Mangel an
Material vorläufig unmöglich. Trotzdem dürfte es interessant sein, auch
diese Werte mit den oben aus den wenigen zur Verfügung stehenden
Beobachtungstexten abgeleiteten Mittelwerten zu vergleichen. Die folgende
Tabelle gibt die Differenzen:

Monat	1. Tag		15. Tag	
Nisan	+ 8	1	+ 1	8
Airu	+ 6	2	+ 2	48
Sivan	+11	20	— 1	
Tammuz	+10	7	— 2	57
Ab	+ 3	35	— 3	57
Elul	+ 6	33	— 7	17
Tešrit	+ 0	55	— 9	20
Arahsamna	— 0	37	— 5	7
Kislev	+ 1	27	—13	25
Tebet	— 0	50	— 4	50
Šebat	+ 1	17	— 7	40
Adar	+ 8	34	— 5	24

---

[1] Der Wortlaut des Keilschrifttextes ist z. B. für Z. 26 etwa
folgendermaßen zu ergänzen: — *ina* ^{arab}*Nisanni ûmu* *XV* ^{kan} *10 UŠ
50 GAR ana niphi ša Sin.* Vgl. dazu die Unterschrift in Z. 47: *24 ŠI-
GAB-A*^{pl} *u niphê[*^{pl}*ša* ^{ilu}*Sin].* „24 'Sichtbarkeiten' und Aufgänge des
Mondes“.   [2] *9 UŠ* im Texte noch erhalten (Z. 28).   [3] *9 (!) UŠ*
im Texte noch erhalten (Z. 32).

Die Durchschnittsdifferenz ist hier etwas geringer wie bei den oben behandelten Texten, die Lösung des Problems daher hier etwas vollkommener. Man kann nämlich aus den Differenzen oben S. 88 einen Mittelwert berechnen; man erhält dann für den 1. Tag: $+$ 4 59, und für den 15. Tag: $-$ 4 55. Tut man hier das gleiche, so ergibt sich für den 1. Tag als Durchschnitt: $+$ 4 42, und für den 15. Tag: $-$ 4 45. Man bedenke aber immer dabei, daß der geringe Umfang des Materials keine genaue Prüfung zuläßt, die erst wird vorgenommen werden können, wenn einmal in Zukunft einige hundert Texte dieser Gattung publiziert vorliegen werden.

Beigabe II.

Kannten die Babylonier die Phasen der Venus?

Dieses schwierige, aber so überaus wichtige Problem ist in den letzten Jahren oft erörtert worden. WINCKLER hatte aus den Gesetzen der altorientalischen Weltanschauung gefolgert, daß die Babylonier die Phasen der Venus gekannt haben müßten. Dieser Aufstellung hat aber KUGLER widersprochen. In OLZ 1912, Sp. 318f. habe ich dann auf einige Stellen in der astrologischen Literatur der Babylonier hingewiesen, wo von „Hörnern“ der Venus die Rede ist. „Hörner“ bedingen aber die Sichelform, so daß ich damit die Kenntnis der Venusphasen für die Babylonier bewiesen glaubte. In SSB, *Ergänzungsheft*, S. 133, Anm. 1 hat nun aber KUGLER aufs neue dagegen protestiert. Auf Grund einer falschen Auffassung des Textes behauptet er: „Tatsächlich handelt es sich . . . . nicht um die Sichel der Venus, sondern um die des Mondes, hinter welchem Venus verschwand.“ Diese Behauptung hat er zwar inzwischen auf einem Nachtragsblatte zum *Ergänzungshefte* zurückgezogen, aber auch dort noch erklärt, *SI* sei keineswegs $=$ „Sichel“. Das veranlaßt mich, hier noch einmal auf die Streitfrage einzugehen. Es handelt sich um folgende Stellen:

1. VACh, Ištar I, 5—6[1]:

5. *Enuma Ištar ina ḳarni imitti-ša kakkabu iṭḫi[2]-ši nuḫšu ina mâti ibašši[ši]*
6. *Enuma Ištar ina ḳarni šumêlti-ša kakkabu iṭḫi-ši lum-nu ina mâti ibašši[ši]*

5. Wenn am rechten Horne der Venus ein Stern sich ihr nähert, so wird Überfluß im Lande sein.
6. Wenn am linken Horne der Venus ein Stern sich ihr nähert, so wird Böses im Lande sein.

Das Ideogramm für *ḳarnu* ist in beiden Zeilen *SI*. KUGLER behauptet nun auf dem Nachtragsblatt, *SI* sei hier nicht so zu lesen. Ja, wie soll es dann zu lesen sein? *SI* kommt doch mehrere hundert Mal in den astrologischen Texten vor und ist immer *ḳarnu* zu lesen[3]. Warum diese Lesung hier nicht zutreffen soll, dürfte wohl niemand einsehen.

---

[1]) Ergänzt und verbessert nach einem unveröffentlichten Duplikat.
[2]) So! Nach dem Duplikat *TE*, nicht *LA*. Ebenso übrigens Z. 26: *ina EN-TE*(!)-*NA* $=$ *ina ḳuṣṣi*.   [3]) Wer noch einen ausdrücklichen Beweis wünscht, der vergleiche z. B. nur ThR 138, R. 2 mit 124, 12 usw.

2. VACh, *Ištar* I, 10ff. = *Ištar* IV, 15f. = 2. Suppl. CXIX, 47ff.:

10. *Enuma Ištar ina ḳarni imitti-ša kakkaba li-ḳat-ma Ištar irbi kakkabu*
TUR šar Elamti[ki]
11. *i-kab-bit-ma i-dan-nin-ma mât kibrât arba'i i-be-el*
12. *šarrâni*[pl] *maḫirê*[pl]*-šu bilta i-maḫ-ḫa-ru*[1]

———

49. [— kakkab] *DIL-BAT ina ID šumêlti-šu kakkaba li-ḳat* kakkab *DIL-*
BAT irbi-ma kakkabu TUR šar Akkadî[ki] *KI-MIN*

10. Wenn Venus an ihrem rechten Horne einen Stern wegnimmt, Venus
groß und der Stern klein ist, so wird der König von Elam
11. stark und mächtig sein, das Gebiet der vier Weltteile wird er be-
herrschen,
12. die ihm ebenbürtigen Könige werden Tribut darbringen.

———

49. Nimmt Venus an ihrem linken Horne einen Stern fort, ist Venus groß
und der Stern klein, so wird der König von Akkad dsgl.

Es handelt sich um die Bedeckung eines kleinen Fixsternes durch
die Venus. Derselbe verschwindet am rechten oder linken *SI* des Planeten.
Hochwichtig ist nun, daß im 2. Suppl. CXIX an der entsprechenden
Stelle *ID* statt *SI* steht. Es kommt also für die Lesung ein babylonisches
Wort in Betracht, das sowohl *ID* als auch *SI* zum Ideogramme haben
kann. Und das ist einzig und allein *ḳarnu* (s. BRÜNNOW Nr. 3388
und 6553)[2]. Damit ist gegen diese Lesung wohl nichts mehr einzuwenden.
Wenn nun aber die Babylonier die „Hörner“ der Venus erwähnen, so
müssen sie sie als Sichel beobachtet haben, also die Phasen der Venus
gekannt haben. Wenn man an die so überaus klare Atmosphäre des
Orients denkt, so wird man weiter nichts Wunderbares mehr dabei finden.
In einem Lande, wo man die Venus Schatten werfen sieht und den ganzen
Tag am Himmel beobachten kann, ist es gar nichts so Menschenunmögliches,
mit scharfen Augen — und die besaßen die Babylonier! — auch ihren
Phasenwechsel wahrzunehmen[3]. An der Tatsache, daß die Babylonier die
Phasen der Venus kannten, wird daher nicht mehr zu rütteln sein.

———

[1]) 2. Suppl. CXIX, 48 fügt noch hinzu: *ina kussî šarri maḫiri-šu*
uššab[ab] „auf den Thron eines ihm ebenbürtigen Königs wird er sich setzen“.
Die übrigen unbedeutenden Varianten übergehe ich hier.   [2]) Unter
Berücksichtigung dieser Tatsache und unter Vergleichung der oben behandelten Textstelle ist natürlich auch VACh, 1. Suppl. XXXIII, 7 und 9
ḳarnu imittu-šu (*šumêltu-šu*) zu lesen.   [3]) Erwähnt sei noch, daß auch
namhafte astronomische Observatoren mir versicherten, daß es durchaus
möglich sei, die Phasen der Venus am klaren Himmel des Orients mit
bloßem Auge zu verfolgen.

Register.

(Die hochgestellten Ziffern beziehen sich auf die Anmerkungen.)

Druck von C. Schulze & Co., G. m. b. H., Gräfenhainichen.

CBS 11901.

Vorderseite.

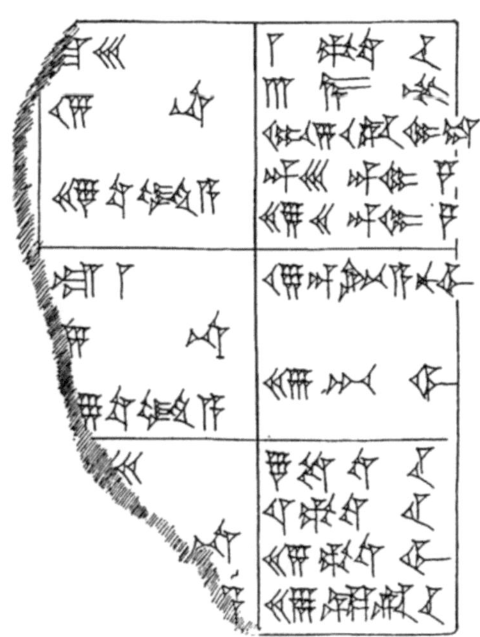

Rückseite.